U0364848

TODAY'S SALAD

今天的沙拉

〔韩〕张素宁 著　付霞 译

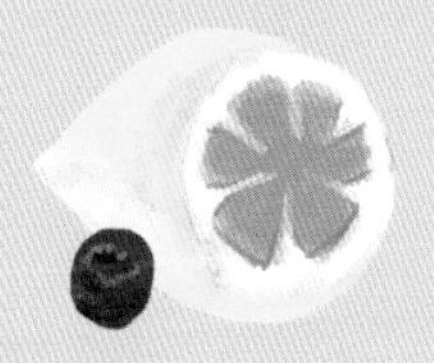

南海出版公司

新经典文化股份有限公司
www.readinglife.com
出　品

序　一碗好沙拉

近来，人们越来越强调以素食为主的饮食，水果和蔬菜也受到了更多的关注，沙拉就是以水果和蔬菜为主料的菜肴的典型代表。

水果和蔬菜含有多种维生素和矿物质以及各种色素成分。胡萝卜、南瓜等黄绿色蔬菜中含有β-胡萝卜素，葡萄、草莓等水果中含有花青素，玉米中含有叶黄素和玉米黄质，这些成分都能防止使身体衰老的活性氧的生成。活性氧不仅使人衰老，还会引发癌症和动脉硬化等疾病。为了减少活性氧的生成，很多人都在服用补充剂，虽然服药很方便，但是长期过量服用成分单一的补充剂会产生副作用。从食物中摄取维生素C、维生素E和β-胡萝卜素，可以提高免疫力、预防生活方式病，这正是大自然的神秘之处。

沙拉的制作方法很简单，将时令蔬菜和水果及其他原料洗干净、切成方便食用的小块，再淋上沙拉汁拌匀即可。蔬菜水果和制作沙拉汁的原料都是生活中常见的。

沙拉保持了原料的原汁原味，对各种营养的破坏度也最小，不仅口味自然而且有益身体健康。不过并不是所有的食物都要生吃，有些东西做熟吃比生吃好。只要稍微改变一下做法，就能变换出不同口味，这也是沙拉的优点之一。

食用方法不同，沙拉的效果也大相径庭。例如，胡萝卜含有丰富的β-胡萝卜素，生吃时吸收率很低，但如果和橄榄油、蛋黄酱、香油等一起食用，就能大大提高β-胡萝卜素在人体内的吸收率。

只要开动脑筋，就能充分发挥沙拉的各种妙用，即使每天吃也不会腻。而且，一碗营养又美味的沙拉不仅可以代替正餐，还有食疗效果，是健康的绿色饮食。

作者 张素宁

目　录

第 1 章　正餐沙拉

第 2 章　不同原料的沙拉

★本书中介绍的沙拉都是 2 人份。
★每一道沙拉标注的热量是 1 个人摄取的热量。
★ 1 杯是 200ml，1 大勺是 15ml，1 小勺是 5ml，“少许”为少于 1/6 小勺的量。
★沙拉中使用的橄榄油均为“特级初榨橄榄油”，酸奶为“原味酸奶”。
★“淡芥末”是指将芥末粉用等量的水稀释后得到的芥末汁。

第1章

从早餐到晚餐，美味不断！

正餐沙拉

以多种营养丰富的食物为原料、淋入各种口味的沙拉汁均匀搅拌而成的美味沙拉，无论何时享用，都会为我们的身体注入无穷的活力。沙拉既可以成为不错的早餐、方便的午餐，还可以当做理想的晚餐。一起看一下这些美味沙拉的制作方法，让它们来装点我们的餐桌吧。

早餐沙拉

如果前一天晚上睡眠不足或饮酒过量，第二天早上可以制作一道沙拉作为早餐，一定能让你神清气爽、充满活力。

早晨是一天的开始，这一天能否精力充沛地工作和学习，吃什么样的早餐非常重要。经过整晚的睡眠，我们的身体没有摄入任何能量，因此在新的一天开始之际需要摄入足够的能量。为了保证机体和大脑充满活力，以碳水化合物为主要原料的沙拉是最理想的早餐。因为大脑的活动需要葡萄糖，而碳水化合物正是葡萄糖的有效供给源。如果不吃早饭，大脑就会缺乏能量，导致记忆力和注意力下降。

如果没时间准备丰盛的早餐，可以吃一些糙米年糕或玉米脆片。

“香蕉、芹菜、芦笋等有香味的瓜果蔬菜是身体活力的源泉，能够增强脑细胞的活性。”

这些食物能够提高血糖、增强脑细胞的活性。本章介绍的早餐沙拉中有多种蔬菜和水果，能够提供丰富的维生素和矿物质，使你一整天都充满活力。尤其像糙米这样富含膳食纤维的食物能够改善肠道环境，排出重金属等有害物质，而且长时间的咀嚼过程能够增加脑部的供血量，从而改善大脑机能。用慢火煎烤糙米年糕，切成方便食用的小块，与各种蔬菜拌起来吃，就是一道既美味又营养的早餐沙拉。香蕉和苹果能够促进消化和吸收，含糖量较高，能够为我们的身体提供足够的能量，它们还富含膳食纤维，非常适合便秘的人。此外，苹果中的膳食纤维对于腹泻和便秘都有一定疗效。膳食纤维主要存在于果皮中，因此最好把苹果洗干净连皮一起吃。另外，在食用富含膳食纤维的食物时要多喝水，这样效果更好。

晨练的人最好在运动后吃的早餐沙拉中拌入一些绿茶酸奶沙拉汁，因为绿茶中的某些成分能够消除运动后产生的活性氧。喝茶时不要把茶叶滤掉，最好连茶叶一起吃掉。如果前一天晚上睡眠不足或饮酒过量，早上可以吃一些西红柿或柿子。西红柿特有的酸味能够缓解疲劳，还能清理肠胃。西红柿性凉，富含水分和维生素 C，能够消渴退热，对解酒有一定功效。如果再搭配一些橘子和黄瓜等果蔬就更好了。

+Point 制作简便的早餐

●早晨的时间比较紧张，不能一一准备沙拉中需要的各种原料，最好事先把西蓝花、胡萝卜、土豆等洗干净，滤干水分，装在密封袋中备用。

●如果原料比较多，就分成几份，再洗干净、切好、滤干水分，装到密封袋中放入冰箱备用。

●鸡胸肉一定要事先腌好煮熟，按照一次食用的量分装后再冷冻起来。

●如果觉得每次制作沙拉汁太麻烦，可以用水分较少的沙拉汁，或是添加了山葵的蛋黄酱，可以一次多做一些，放在冰箱中冷藏备用。

清香爽口、注入活力　水果麦片沙拉　*272kcal*

原料　苹果、猕猴桃各1个，麦片30g，葡萄干2大勺；★绿茶酸奶沙拉汁 酸奶5罐，绿茶粉1/2大勺，蜂蜜少许

1. 苹果、猕猴桃切块。
2. 在酸奶中加入绿茶粉和蜂蜜拌匀，制成沙拉汁。
3. 碗中放入切好的水果，加入麦片，淋上沙拉汁拌匀即可。

简单方便　煎饼沙拉　*193kcal*

原料　玉米罐头、高筋面粉各1杯，黄瓜、西红柿各1个，橄榄油少许；★鲜奶油沙拉汁 鲜奶油1/2杯，白糖1小勺

1. 西红柿去籽切块，把罐头中的玉米粒倒出，滤干水分。
2. 黄瓜切丁。
3. 在鲜奶油中加入白糖，打发。
4. 用高筋面粉和面，和得稍微硬一些，在平底锅中放入少许食用油涂匀，用慢火把面饼煎熟装盘。
5. 如图所示，煎饼上抹奶油，所有原料拌匀即可。

丰盛、够筋道　凉拌蔬菜年糕沙拉　312kcal

原料 白菜芯1个，糙米年糕200g，梨1/2个，香葱2根；★辣椒酱汁沙拉汁 辣椒粉、鳀鱼酱汁2大勺，醋、糖、香油各1大勺，蒜末1小勺，盐、姜汁少许

1. 白菜芯切成方便食用的小块。
2. 梨切成厚片。
3. 香葱切碎，和制作沙拉汁的原料搅拌在一起。
4. 年糕切成大小适中的块，用慢火煎烤。
5. 把白菜芯、梨和年糕拌在一起，淋上沙拉汁后装盘即可。

营养丰富、可口美味　鸡蛋杂粮面包沙拉　372kcal

原料 鸡蛋2个，杂粮面包2片，红甜菜叶30g，生菜叶10片；★黑醋橄榄油沙拉汁 橄榄油3大勺，黑醋2大勺，糖1小勺，盐、胡椒粉少许

1. 鸡蛋煮熟剥皮后切成圆片。
2. 生菜、红甜菜叶和杂粮面包切成方便食用的小块。
3. 将制作沙拉汁的原料拌匀，淋在准备好的原料上即可。

* 黑醋是以意大利特产的葡萄为原料的一种果醋。

午餐沙拉

午餐沙拉能让你在午后仍然保持充沛的精力和清醒的头脑，持续迸发出无穷的活力，一起来看一下这些沙拉使用的原料。

要想在午后仍然保持充沛的精力，就要平衡摄入碳水化合物、维生素、矿物质和蛋白质。芦笋、葡萄、糯米、土豆和鸡胸肉都是午餐沙拉的理想原料。

芦笋虽然是蔬菜，但富含矿物质和天门冬氨酸，有助于消除疲劳。维生素 B_1、B_2 能够促进新陈代谢，防止导致疲劳的物质积聚起来。绿色的芦笋富含 β-胡萝卜素，最好和橄榄油或培根等食物一起烹制，这样能够提高 β-胡萝卜素的吸收率。

“葡萄中的色素成分——花青素能够缓解眼睛疲劳。”

葡萄的甜味源于葡萄糖和果糖，食用后马上就能被人体吸收，所以葡萄对于缓解疲劳有立竿见影的作用，能为人体提供足够的能量。长时间使用电脑造成眼睛疲劳时，可以吃一些葡萄，葡萄中的色素成分——花青素能够激活视网膜中的红敏色素，从而缓解眼睛疲劳。

糯米做的小汤圆使你在午后也能保持活力。如果觉得做糯米汤圆比较麻烦，也可以用年糕代替。土豆是淀粉类食物，能够提供充足的能量，而且维生素 C 的含量很高，对预防感冒和去除活性氧有一定的功效。土豆中还有保护胃肠的成分，患有胃炎的人可以多吃土豆。

鸡胸肉中蛋白质的含量很高，能够强筋壮骨，但是维生素的含量较低，所以最好和蔬菜一起食用。备感压力时，体内的维生素 C 和矿物质会随小便流失，所以午餐多吃一些富含维生素和矿物质的蔬菜，能够增强承受压力的能力。

节食减肥的人，除了要注意食物的种类，还要特别注意吃饭的速度。摄入食物30分钟后，食物才会转化为葡萄糖，从而提高血糖值。只有血糖值升高，大脑才会得到饱腹感的信号。如果吃得太快，胃已经装满了，但是血糖值还没有升高，大脑就不会得到饱腹感信号，这样就容易摄入过多的食物。所以，细嚼慢咽非常重要。

+Point 用沙拉代替午餐

●沙拉和面包可以成为一顿很好的午餐。沙拉可以单独吃，也可以和贝果面包、法棍面包等一起食用，还可以用它们做成美味的三明治。沙拉的原料最好选用水分较少的土豆、南瓜、火腿、红薯和鸡肉等。

●水果沙拉要注意保鲜。苹果和桃子等水果一旦和空气接触就容易氧化变成褐色，撒上一些柠檬汁可以防止其变色。

●为了吃到最新鲜的沙拉，最好事先做好沙拉汁，吃的时候再淋到沙拉上。

促进新陈代谢　芦笋沙拉

265kcal

原料　芦笋150g，培根50g，洋葱1/2个，圣女果5个，大蒜3瓣，橄榄油适量；★橄榄油酱油沙拉汁 橄榄油2大勺，酱油、柠檬汁各1大勺，糖1小勺，胡椒粉少许

1. 芦笋焯一下，加少许盐，捞出备用。
2. 洋葱切丝，大蒜切片。圣女果四等分，培根切碎。
3. 在平底锅中涂上适量橄榄油，先炒一下蒜瓣，再放入培根一起炒，盛出装盘。
4. 炒一下洋葱和芦笋，再放入圣女果同炒。
5. 将制作沙拉汁的原料拌匀制成沙拉汁，再把步骤3、4的蔬菜和培根混合，淋上沙拉汁即可。

缓解疲劳　圣女果葡萄汤圆沙拉

260kcal

原料　圣女果10个，葡萄30粒，糯米粉2杯，柠檬少许；★蜂蜜柠檬沙拉汁 水1/2杯，蜂蜜3大勺，柠檬汁2大勺

1. 糯米粉中加入热水和成团制成汤圆。把水烧开，放入汤圆，汤圆漂起来后，捞出放在冷水中。
2. 将圣女果和葡萄洗干净，其中一半葡萄剥皮。
3. 柠檬去皮，切成薄片。
4. 将沙拉汁的原料均匀搅拌制成沙拉汁，然后将准备好的所有原料放入碗中，淋上沙拉汁即可。

有益肠胃健康　土豆面包沙拉　*478kcal*

◎原料　土豆、鸡蛋各2个，洋葱1/4个，黄瓜1/2根，面包1个，黄油1大勺，盐、切碎的欧芹各少许；★蛋黄酱芥末沙拉汁 蛋黄酱4大勺，芥末酱1小勺，柠檬汁1大勺

1. 土豆洗干净后带皮蒸熟，趁热剥皮，捣烂后加入黄油和盐拌匀。
2. 鸡蛋煮熟、捣碎，欧芹切碎。
3. 洋葱和黄瓜切成细丝，撒上盐静置片刻，控去水分。
4. 把沙拉汁的原料拌匀，制成沙拉汁。
5. 将土豆和其他原料拌匀，淋上沙拉汁，塞入掏空的面包中即可。

低热量高蛋白　鸡肉蔬菜沙拉　*549kcal*

◎原料　鸡胸肉2块，生菜3片，菊苣50g，面包糠5大勺，鸡蛋1个，面粉1大勺，盐、胡椒粉少许，橄榄油适量；★蜂蜜芥末酱沙拉汁 芥末酱3大勺，蜂蜜、柠檬汁各2大勺，醋1大勺、盐少许

1. 鸡胸肉切成小块，撒上盐和胡椒粉腌一下，从内到外依次裹上面粉、鸡蛋、面包糠。
2. 将蔬菜洗净、撕成方便食用的小块。
3. 在平底锅中放入适量橄榄油，鸡胸肉煎熟。
4. 将沙拉汁的原料搅拌均匀，制成沙拉汁，生菜、菊苣和鸡肉放入碗中，淋上沙拉汁即可。

晚餐沙拉

忙碌了一天，我们的身体需要补充各种营养和能量，缓解疲劳，一起看一下晚餐沙拉的制作方法。

由于生活节奏快，很多人早餐和午餐不规律，晚餐就会吃很多食物。晚餐吃得晚吃得多，第二天的早餐就可能省掉，这样到吃午餐之前大约有 10 个小时处于空腹状态，这种习惯很容易使脂肪堆积在体内。

两餐之间间隔的时间越长，身体会本能地启动一种防御机制，尽可能地多吸收食物中的营养物质。此时，参与脂肪合成的酶就会比较活跃，容易生成脂肪储备在体内，这就是产生啤酒肚的原因。所以晚餐应该少吃，并选择一些能够缓解疲劳、放松神经、促进消化的食物，睡前 3 小时最好不要吃东西。

“因压力而消化不良的人最好多吃一些萝卜。”

无花果、菠萝、卷心菜等含有丰富的钙质，具有安神作用。卷心菜能保护胃，萝卜和梨可促进消化。尤其是萝卜中富含有助于消化的淀粉酶，对消化不良非常有效。萝卜对胃溃疡和胃癌的致病菌——幽门螺杆菌有抑制作用。萝卜皮中的营养物质更多，所以最好把萝卜洗干净带皮一起烹调食用。无花果富含钙、铁等矿物质，是膳食纤维较多的碱性健康食品，其中含有分解蛋白质的无花果蛋白酶，能够促进消化。

梨的 85% ~ 88% 是水分，是一种解渴的强碱性食品，和酸性食物——肉类一起食用效果更好。另外，梨属寒性，适宜在发热、胸闷、口渴时食用，对解酒也有一定的功效。吃梨时，会感觉有些牙碜，这是因为梨肉中有较多石细胞。石细胞可以缓解便秘，还有清洁口腔的作用，饭后吃梨能使口腔倍感清爽。

菠萝最好和肉类一起食用，患有腹泻、消化不良等消化系统疾病的人应该多吃菠萝。菠萝中含有分解蛋白质的“菠萝蛋白酶”，能够促进人体消化吸收肉类食物。菠萝中的膳食纤维还能缓解便秘，丰富的钙质能够调节血压。

+Point 沙拉原料的合理搭配

●有胃病的人最好多吃以萝卜、卷心菜和西蓝花为原料的沙拉，这些蔬菜对幽门螺杆菌有抑制作用。

●墨鱼、鱿鱼等强酸性食物最好和蔬菜水果等碱性食物搭配食用。

●制作肉类沙拉时，最好加入梨、苹果、菠萝、无花果等水果，以帮助消化。

●胡萝卜、老南瓜等富含 β–胡萝卜素的食物最好用油烹制，这样能够提高其在人体内的吸收率。

●富含铁质的肉类和贝类最好和富含维生素 C 的食物一起烹制，这样能够提高铁的吸收率。

清香爽口、营养丰富 水果奶酪沙拉 432kcal

原料 无花果2个，菠萝4片，梨1个，奶酪30g，罗勒少许；★黑醋橄榄油沙拉汁 橄榄油4大勺，黑醋2大勺，盐少许

1. 无花果、菠萝、梨剥皮，切成方便食用的小块。
2. 奶酪切成小块。
3. 将沙拉汁的原料搅拌均匀制成沙拉汁。
4. 水果和奶酪放入碗中，淋上沙拉汁即可。

促进消化、保护肠胃 萝卜金枪鱼沙拉 318kcal

原料 萝卜100g，紫苏叶、生菜各5片，金枪鱼（冷冻）50g，糙米1杯，黑米1大勺，香油适量，蔬菜、盐各少许；★微辣的酱油沙拉汁 酱油2大勺，山葵酱、香油各1大勺

1. 蔬菜洗净后滤干水分。
2. 萝卜切好后，用盐和香油腌一下；紫苏叶和生菜切好，淋一点香油。
3. 糙米浸泡5小时以上，和黑米一起蒸熟。
4. 金枪鱼解冻后切成方便食用的小块。
5. 将沙拉汁的原料拌匀制成沙拉汁。如图所示，把蒸好的米饭盛到碗里，再将准备好的所有原料放入碗中，最后淋上沙拉汁即可。

缓解疲劳　卷心菜薄饼沙拉　183kcal

原料

卷心菜1/4棵，胡萝卜1/6根，芹菜1根，虾仁100g，薄饼4张，盐、胡椒粉各少许，橄榄油适量；★香浓的酱油沙拉汁 香油1/2大勺，辣椒油、酱油各1小勺，盐、胡椒粉各少许

1. 卷心菜、胡萝卜和芹菜切成适中的小块。
2. 在平底锅中淋上橄榄油，用盐和胡椒粉腌一下虾仁，放入锅中略炒，再放入卷心菜同炒。
3. 胡萝卜和芹菜也用盐腌一下，炒熟。
4. 将沙拉汁的原料拌匀制成沙拉汁，炒熟的蔬菜晾凉后，淋上沙拉汁。
5. 热一下薄饼，卷上蔬菜裹成卷即可。

香甜可口　面皮南瓜沙拉　274kcal

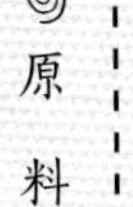

原料

甜南瓜1/3个，面皮10张，洋松茸100g，白菜叶10片，橄榄油适量，盐少许；★酸甜的酱油沙拉汁 酱油、香油、柠檬汁各2大勺，糖1大勺，芥末籽酱2小勺

1. 南瓜切成薄片，用盐腌一下，放入锅中煎熟。
2. 面皮用慢火煎炸，滤掉油，切成小片。
3. 洋松茸切成方便食用的小块，用盐腌一下再炒熟。
4. 白菜切成方便食用的小块。
5. 将沙拉汁的原料拌匀制成沙拉汁，淋在备好的原料上即可。

Bonus

时令果蔬使沙拉的功效倍增

时令蔬菜和水果是在自然条件下栽培的，得到了充分的阳光照射，保持了食物本身固有的香味和质感，其中的维生素、矿物质、膳食纤维和某些特有的生物活性物质的含量也很高，而且物美价廉。此外，时令蔬菜和水果在最适宜的气候条件下生长，所以几乎没有病虫害，较少使用农药和化肥，是高品质的有益健康的食物。

楤木芽、山蒜等春天生长的微苦、辣味的蔬菜有助于排出体内在冬天堆积的脂肪和毒素，净化身体。春天最常见的艾蒿含有一种具有特殊香味的物质“桉油酚”，对女性风寒、腰痛和痛经有一定疗效。既可以用香味浓郁的艾蒿和其他原料一起制作沙拉，也可以用以艾蒿为主料的艾蒿年糕制作沙拉。

在炎热潮湿的夏季，应该吃营养丰富、清凉解表的食物。紫外线会伤害皮肤，使皮肤老化甚至致癌，所以应多吃含抗氧化成分的蔬菜。黄瓜是夏季蔬菜的代表，水分充足，清凉解表。夏天摄入过多的冷饮会降低消化能力，卷心菜对肠胃有一定的保健作用。甜椒富含维生素 C、E 和矿物质，还有解暑功效。

玉米富含膳食纤维，有助于减肥和改善便秘。辣椒、大蒜等夏天栽培的香辛味蔬菜能够促进排汗，冷却身体。夏末成熟的茄子含有磷酸胆碱，能够改善肝脏功能，强肝健脾。夏末吃茄子还能增进食欲，强化肝功能。

就像动物在冬眠之前要储备蛋白质和脂肪一样，人为了维持正常的体温，冬天也需要摄入营养丰富的食物。冬天最好多吃鱼类、鸡蛋、谷物、土豆等食物。菠菜是冬季最好的蔬菜，其维生素 C 的含量是夏天菠菜的 3 倍。秋末收获、整个冬天都能吃到的莲藕、牛蒡等含有丰富的维生素和膳食纤维。特别是莲藕，有很好的止血作用，非常适合胃溃疡和痔疮患者，莲藕还含有预防贫血的维生素 B_{12}。

各种时令果蔬在不同的季节有不同的疗效，应在适当的时候选择适宜的果蔬。

第 2 章

用平凡的食材制作健康沙拉！

不同原料的沙拉

物美价廉的食材也能制作出很多健康沙拉。用冰箱中常备的 33 种食材就能够轻松做出 99 道健康美味的沙拉，足以让你“不思茶饭”。

01 西红柿

西红柿含有很多色素成分，其中红色的是番茄红素，黄色的是胡萝卜素。

番茄红素主要存在于红辣椒、西瓜等红色的食物中，在西红柿中的含量也相当丰富。西红柿越红，番茄红素的含量越高。番茄红素有出色的抗癌作用，要想最大程度发挥番茄红素的抗癌效果，就要挑选熟透的鲜红色的西红柿。另外，西红柿烹熟后，其中的番茄红素在人体内的吸收率更高。

西红柿的酸味不仅能缓解疲劳，还有解酒的功效。西红柿还能清凉解表，咽干体热时食用效果更佳。此外，西红柿中维生素 C 和钙的含量也很丰富，尤其是钙质能够将体内的盐分排出体外，具有降血压、预防浮肿的功效。

适宜与西红柿搭配的沙拉汁原料

橄榄油 促进西红柿中番茄红素的吸收。

柠檬汁 可降低抗坏血酸氧化酶的活性。

加入橄榄油、柠檬汁的沙拉汁

橄榄油辣椒酱沙拉汁 P182
橄榄油碎洋葱沙拉汁 P183
橄榄油胡椒沙拉汁 P183

剩下的西红柿怎么办?

如果剩了很多西红柿，最好煮熟去皮后做成番茄酱。番茄酱不易变质，能够保存很长时间，其中的番茄红素更容易被人体吸收。

其他健康食谱

西红柿奶酪盅

制作方法

西红柿 3 个，意大利马苏里拉奶酪 50g，埃曼塔尔奶酪 30g，面包糠 2 大勺，香菇 3 朵，洋葱 1/3 个，橄榄油 2 大勺，罗勒叶 3 片，盐、胡椒粉、捣碎的罗勒各少许

做法：将西红柿掏空，放入烤箱中用 160℃的温度烤 5 分钟。香菇和洋葱捣碎，在平底锅中涂上橄榄油略炒一下，再放盐和胡椒粉。奶酪切碎，与面包糠、捣碎的罗勒、香菇和洋葱混合到一起，填入烤熟的西红柿中，再放进烤箱用 170℃的温度烤至奶酪融化。最后放上罗勒叶装饰即可。

西红柿蟹肉沙拉　预防贫血　*317kcal*

西红柿中含有丰富的有机酸，能够促进人体对蟹肉中铁质的吸收，从而预防贫血。

●原料　西红柿 2 个，蟹肉 100g，菊苣 30g，萝卜、甜菜各少许

●橄榄油辣椒酱沙拉汁 橄榄油 4 大勺，醋 2 大勺，柠檬汁 1 大勺，辣椒酱 1/2 大勺，辣调味汁、糖、蒜末各 1 小勺

1. 将西红柿切成方便食用的小块。
2. 蟹肉焯一下，切丝。
3. 菊苣切得小一些，萝卜和甜菜切成好看的形状。
4. 将沙拉汁的原料拌匀制成沙拉汁。
5. 如图，在盘中摆好西红柿，再放准备好的各种原料，淋上沙拉汁搅拌均匀即可。

圣女果黄瓜沙拉　解酒　*338kcal*

圣女果和黄瓜有助于身体散热，能够起到解酒的作用。

● 原料　圣女果 25 个，黄瓜 1 根，洋葱 1/4 个，马苏里拉奶酪 50g

● 橄榄油大蒜沙拉汁　橄榄油 4 大勺，切碎的大蒜 1 瓣，柠檬汁 2 大勺，醋、蜂蜜各 1 大勺，盐、捣碎的罗勒各少许

1. 圣女果在沸水中焯一下，去皮。
2. 黄瓜切段，再切成四瓣，奶酪切成与黄瓜大小相仿的块。洋葱捣碎。
3. 将沙拉汁的原料拌匀制成沙拉汁，淋在备好的原料上拌匀即可。

圣女果鲑鱼沙拉　提高免疫力　405kcal

鲑鱼中的油脂可帮助人体吸收番茄红素，提高免疫力。

●原料　圣女果20个，熏制鲑鱼100g，菊苣50g，帕尔玛奶酪30g，洋葱1/4个，生菜少许

●鲑鱼调料　橄榄油、红酒各1小勺，迷迭香少许

●橄榄油柠檬沙拉汁　橄榄油4大勺，醋、柠檬汁、蜂蜜各1大勺，盐、胡椒粉各少许

1. 用橄榄油、迷迭香和红酒腌制鲑鱼。
2. 把菊苣、圣女果、洋葱、生菜切成方便食用的小块。
3. 将沙拉汁原料拌匀制成沙拉汁，与腌好的鲑鱼和蔬菜拌在一起。
4. 放入碗中，撒上切碎的帕尔玛奶酪即可。

02　南瓜

南瓜防病虫害的能力很强，是一种基本不需要农药的无公害绿色食品。南瓜越熟含糖量越高，所以熟透的老南瓜味道更好。南瓜中的糖分很容易被消化吸收，具有保护胃黏膜的作用，对于肠胃不好的人来说是很好的食物。

老南瓜或甜南瓜的深黄色成分是类胡萝卜素，包括 β-胡萝卜素。β-胡萝卜素具有防止正常细胞癌变，抑制癌细胞繁殖的抗癌作用。β-胡萝卜素在人体内会转化成维生素 A，有美肤功效，可以使皮肤湿润、有弹性。此外，南瓜还富含维生素 B_1、B_2、C、E 等多种维生素，只要吃南瓜，无需服用其他维生素补充剂，同样能摄取充足的维生素和膳食纤维。

适宜与南瓜搭配的沙拉汁原料

蛋黄酱 提高南瓜中 β-胡萝卜素的吸收率。

橄榄油 有助于人体对南瓜中 β-胡萝卜素和西红柿中番茄红素的吸收。

蜂蜜 帮助南瓜中营养的吸收，保护支气管。

加入蛋黄酱、橄榄油、蜂蜜的沙拉汁

橄榄油蜂蜜沙拉汁 P182

蛋黄酱山葵沙拉汁 P186

蛋黄酱迷迭香沙拉汁 P187

剩下的南瓜怎么办？

将南瓜切开，果肉做成沙拉或其他食品。南瓜子掏出来，用 1 ~ 2 天的时间晾干，放在平底锅中炒至淡黄色，剥皮食用。南瓜子富含维生素 E 和有助于生成精子的锌。

其他健康食谱

南瓜饼

制作方法

去籽的老南瓜 300g，糯米粉 5 大勺，食用油 3 大勺，黑芝麻、盐各少许

南瓜去籽，削掉外皮，切成条状。把切好的南瓜和糯米粉混合到一起和匀、放盐。在平底锅中放适量油，油热后把南瓜饼放入锅中煎至淡黄色。最后在煎好的南瓜饼上撒一些黑芝麻即可。

烤南瓜西红柿沙拉　保护眼睛　*313kcal*

南瓜中的 β-胡萝卜素和西红柿中的番茄红素能够保护眼睛。

●原料　甜南瓜 1/2 个，西红柿 1 个，鸡胸肉 1 块，芹菜 1 根，面粉 2 大勺，橄榄油少许

●鸡肉调料　清酒 1 大勺，盐少许

●橄榄油酱油沙拉汁　酱油 2 大勺，醋、糖、橄榄油各 1 大勺，柠檬汁、芥菜粒各 1/2 大勺

1. 甜南瓜洗净后切成长条，蘸上面粉放在涂有橄榄油的平底锅中煎至淡黄色。
2. 将西红柿和芹菜切成方便食用的小块。
3. 鸡肉用盐和清酒腌制后蒸熟，顺着肉的纹理撕开后再切碎。
4. 将沙拉汁的原料拌匀制成沙拉汁，盘中摆上准备好的各种原料，淋上沙拉汁即可。

南瓜苹果土豆沙拉　预防动脉硬化　*438kcal*

苹果和土豆中的钙有助于排出体内的盐分，防止动脉硬化。

●原料　甜南瓜 1/2 个，苹果、土豆各 1 个，橄榄油 1 大勺，柠檬汁、盐、欧芹粉各少许

●蛋黄酱沙拉汁　蛋黄酱 1/2 杯，柠檬汁、蜂蜜各 1 大勺，盐、欧芹粉少许

1. 甜南瓜去籽，在蒸笼中蒸熟。
2. 苹果切块，洒上柠檬汁。
3. 土豆切块，煮熟后趁热洒上橄榄油和盐腌一下。
4. 将沙拉汁的原料拌匀制成沙拉汁。
5. 准备好的原料和沙拉汁拌匀，盛到碗里，撒上一些欧芹粉即可。

南瓜蜂蜜沙拉　保护支气管　*382kcal*

南瓜中保护黏膜的 β-胡萝卜素和保护胃的蜂蜜对支气管有很好的保健作用。

●原料　甜南瓜1个，南瓜子4大勺

●蛋黄酱蜂蜜沙拉汁　蛋黄酱4大勺，蜂蜜3大勺，柠檬汁1大勺，南瓜子1大勺，白胡椒粉、盐各少许

1. 甜南瓜切成两半，掏出南瓜子，掏空的部分朝上，放在蒸笼中蒸熟，晾凉后切成方便食用的小块。
2. 南瓜子放在煎锅中炒一下，然后捣碎。
3. 将沙拉汁的原料拌匀制成沙拉汁，与备好的所有原料拌匀即可。

03 黄瓜

黄瓜富含钙质，有助于排出体内多余的钠，从而促进血液循环。对于口味较重的人和高血压患者来说，黄瓜是很好的食物。另外，黄瓜性寒，有解毒作用，能够退热，对经常浮肿的人和神经痛患者有一定疗效。黄瓜中的水分很多，能够解渴利尿，可以帮助饮酒的人通过小便排出酒精，具有解酒作用。黄瓜中的维生素C还能促进新陈代谢，预防感冒，缓解疲劳，生津止渴。

但是黄瓜中含有一种破坏维生素C的酶“抗坏血酸氧化酶”，所以最好不要和其他蔬菜一起食用。如果想抑制“抗坏血酸氧化酶”的作用，可以把黄瓜加热或加入一些醋和柠檬汁后再食用。黄瓜与其他蔬菜凉拌时，最好在食用之前再把它们拌到一起。肠胃不好的人最好少吃寒性食物。

适宜与黄瓜搭配的沙拉汁原料

醋 抑制黄瓜中破坏维生素的“抗坏血酸氧化酶”的作用。

蛋黄酱 帮助吸收蔬菜中的β-胡萝卜素。

加入醋、蛋黄酱的沙拉汁

橄榄油食醋沙拉汁 P182

蛋黄酱沙拉汁 P186

蛋黄酱柠檬沙拉汁 P186

蛋黄酱迷迭香沙拉汁 P187

剩下的黄瓜怎么办?

在剩下的黄瓜中加一些苹果醋，做成面膜，有保湿杀菌的作用，使皮肤水嫩娇柔，焕然一新。将1/2根黄瓜切片放在碗中，加入营养霜和苹果醋各1小勺，再加一些面粉拌匀抹到脸上，15分钟后洗净即可。

其他健康食谱

黄瓜酱汤

制作方法

黄瓜2根，牛腩100g，水3杯，辣椒酱2大勺，大酱、蒜末各1大勺，大葱1/2根，红辣椒、绿辣椒各1根

牛肉切片，在锅里略炒后加水煮开，放入辣椒酱和大酱，黄瓜切片放入锅中同煮，最后放入切片的葱、辣椒和蒜末，再加入盐调味即可。

黄瓜豆芽沙拉　消炎　263kcal

黄瓜含有一种能退烧的成分，这种成分还有消炎的作用。

●原料　黄瓜 2 根，豆芽 200g，鸡胸肉 1 块，胡萝卜 1/4 根，大枣 5 颗

●鸡肉调料　清酒 1 大勺，盐、胡椒粉各少许

●芥末蛋黄酱沙拉汁　淡芥末、醋各 2 大勺，糖 1 大勺，盐、酱油、蛋黄酱各 1 小勺

1. 黄瓜洗净，一根按照方便食用的长度切丝，一根切成半圆形薄片。
2. 胡萝卜切丝，大枣去核后切丝。
3. 豆芽掐头去尾，在盐水中焯一下。
4. 把鸡肉放在清酒、盐和胡椒粉混合的调料中腌一下，放在蒸笼里蒸熟，然后撕成方便食用的小块。
5. 将沙拉汁的原料拌匀制成沙拉汁，把黄瓜和其他原料搅拌到一起，再淋上沙拉汁即可。

黄瓜芹菜沙拉　稳定血压　*367kcal*

黄瓜和芹菜中的钙有助于排出体内多余的钠。

●**原料** 黄瓜 1 根，芹菜 1 根，鸡胸肉 1 块，胡萝卜 1/3 根，萝卜芽少许

●**蛋黄酱山葵沙拉汁** 蛋黄酱 1/2 杯，蜂蜜 1 大勺，山葵 1 小勺

1. 黄瓜用盐水洗净后切片。
2. 鸡肉蒸熟后捣碎。
3. 将沙拉汁的原料拌匀制成沙拉汁。
4. 芹菜和胡萝卜切丁，与鸡肉搅拌后淋上沙拉汁拌匀。
5. 每个黄瓜片上摆一个萝卜芽，再放 1 勺步骤 4 所做的原料。

黄瓜圣女果沙拉　解酒　229kcal

黄瓜和圣女果有退烧的作用，能够解酒。

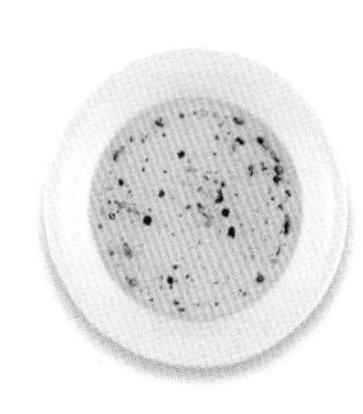

●原料　黄瓜 2 根，圣女果 15 个，薄荷叶少许

●橄榄油柠檬沙拉汁　橄榄油 4 大勺，醋 2 大勺，柠檬汁、蜂蜜各 1 大勺，盐、胡椒粉各少许

1. 黄瓜切片。
2. 圣女果洗净沥干水分，切成两半。
3. 将沙拉汁的原料拌匀制成沙拉汁。
4. 黄瓜和圣女果装盘，淋上沙拉汁，最后撒上薄荷叶即可。

04 茄子

茄子中有 93% 是水分，其余为蛋白质、碳水化合物、钙、磷、胡萝卜素和维生素 C 等营养成分。茄子的热量很低，是理想的减肥食品。最近有研究发现茄子还有抑制致癌物质的功效。

茄子中的“胆碱”能够降血压、促进胃液分泌，还有改善肝功能、增强记忆力的功效。

茄子紫色外皮含有花青素成分——“紫色素”，该成分能够吸收脂肪，溶解并排出血液中的毒素，防止血液中的胆固醇值升高。最好选择深紫色的茄子，用油烹制茄子，能够提高抗氧化的效果。

适宜与茄子搭配的沙拉汁原料

香油 提高茄子的抗氧化效果。

芥末 能够中和茄子的寒性。

加入香油、芥末的沙拉汁

酱油芥末沙拉汁 P184

酱油香油沙拉汁 P184

芝麻酱油沙拉汁 P190

剩下的茄子怎么办?

遇到口腔溃疡或牙龈肿痛等口腔疾患时，可以用茄子蒂来治疗。把 5 ~ 6 个茄子蒂放在阴凉处晾干，然后与约 5 杯水一起煮，差不多煮到水减少一半时加入粗盐后关火。每天用煮好的水漱口 2 ~ 3 次即可。冷水太刺激，可能有疼痛感，所以最好用温水漱口。

其他健康食谱

炸茄盒

制作方法

茄子、鸡蛋各 1 个，火腿 50g，洋葱 1/2 个，面包糠 1/2 杯，面粉 2 大勺，食用油适量

茄子切成约 2cm 厚的圆片，圆片中间再切一刀，把火腿和洋葱切碎，切开的茄子片中间抹上一点面粉，然后把火腿末和洋葱末夹在中间。鸡蛋打碎拌匀，把夹好的茄盒分别按顺序蘸上面粉、鸡蛋、面包糠后，下锅炸熟即可。

茄子西红柿沙拉　改善健忘症　　236kcal

茄子富含胆碱，有助于提高记忆力，改善健忘症。

●原料　茄子、西红柿各 2 个，洋葱 1/2 个，萝卜芽少许

●酱油香油沙拉汁　酱油 4 大勺，香油、糖、醋、香葱花各 2 大勺，蒜末 1 大勺，切碎的尖椒 1 个，切碎的红辣椒 1/2 个

1. 茄子切成 5cm 长的段，用蒸笼蒸熟，挤出水分。
2. 洋葱切丝在水中泡一下，西红柿切成方便食用的小块。萝卜芽洗净沥干水分。
3. 将沙拉汁的原料拌匀制成沙拉汁，然后把准备好的所有原料混合在一起，淋上沙拉汁搅拌均匀即可。

茄子牛肉沙拉　保护肝脏　*462kcal*

茄子中的磷酸胆碱和牛肉中的赖氨酸能够增强肝脏功能。

●原料　茄子2个，牛肉200g，香葱3根，干辣椒2个，橄榄油3大勺，盐1/2小勺

●酱油大蒜沙拉汁　酱油2大勺，大蒜3瓣，水2大勺，干辣椒1个，糖、料酒、香油各1大勺，淀粉1/2大勺

1. 牛肉先用盐腌一下，把茄子和香葱切成方便食用的小块。
2. 锅中倒入适量油，先用干辣椒炝锅，炒出辣味后放入牛肉略炒，再放入茄子和香葱，炒熟后盛出备用。
3. 大蒜切片，放入锅中略炒，干辣椒放入锅中，再把余下制作沙拉汁的调料煮一下，然后将步骤2做好的原料在锅中略炒后装盘即可。

茄子韭菜鲜虾沙拉　强身健体　359kcal

提高精神和机体的活力，快速缓解疲劳。

●原料　茄子 2 个，韭菜 100g，虾肉 100g，洋葱 1/2 个，糯米粉 3 大勺，橄榄油适量，清酒 1 大勺，盐少许

●香甜的芥末蛋黄酱沙拉汁　蛋黄酱 3 大勺，糖 2 大勺，醋、淡芥末 1 大勺，盐 1 小勺

1. 茄子切成薄片，抹上少量橄榄油，裹一层糯米粉。
2. 虾肉用适量的清酒加盐炒一下。
3. 洋葱和韭菜切成方便食用的小块和长度。
4. 将沙拉汁的原料拌匀制成沙拉汁，把虾肉、洋葱、韭菜混合在一起，如图，放在茄子片组成的花朵中间即可。

05 菠菜

菠菜富含 β-胡萝卜素、叶酸、维生素 C、叶绿素、叶黄素、膳食纤维等。β-胡萝卜素能保护皮肤和黏膜，提高免疫力和抵抗力，预防癌症和机体老化。叶酸能够恢复抑制癌症的遗传基因，稳定神经。如果缺乏叶酸，神经递质就会减少，造成失眠和情绪躁动不安等症状。患有习惯性流产的孕妇，摄入充足的叶酸能够降低流产的概率。菠菜的颜色越深，说明叶酸的含量越高。

叶酸和维生素 B_{12} 同时服用效果更佳，因此食用菠菜时最好搭配一些富含维生素 B_{12} 的鱼类、牡蛎和蛤蜊等。菠菜中的叶黄素能够起到抗氧化的作用，预防眼部疾病。菠菜煮的时间太长会影响口感并破坏维生素 C，所以食用时只需稍微焯一下或略炒即可。

适宜与菠菜搭配的沙拉汁原料

橄榄油 帮助人体吸收菠菜中的 β-胡萝卜素。

芝麻 防止菠菜中的草酸在体内形成结石。

加入橄榄油、芝麻的沙拉汁

橄榄油辣椒酱沙拉汁 P182

芝麻酱油沙拉汁 P190

芝麻柠檬汁沙拉汁 P190

剩下的菠菜怎么办?

菠菜的根最好不要扔掉，可以和叶子一起食用。菠菜的根含有铜和锰等矿物质，这些成分能够帮助排出对人体有害的尿酸。

其他健康食谱

豆皮菠菜卷

制作方法

菠菜 400g，豆皮 10 张，牛蒡 1 根，香油 1 大勺，盐少许；★酱汁 酱油、料酒、水饴各 3 大勺，苏子油 2 大勺，白糖 1 小勺，水 1/2 杯

菠菜焯一下滤干水分，用盐和香油腌一下。豆皮切成两半，放在热水中焯一下滤干水分，把菠菜卷起来。牛蒡削皮切成方便食用的小块，在锅里放入适量油，将牛蒡炒至透明后放入上述酱汁炖。收汤后放入豆皮菠菜卷再炖一下即可。

菠菜牡蛎沙拉　安神　334kcal

菠菜富含叶酸,牡蛎富含维生素B_{12},一起食用有安神作用。

●原料　菠菜200g，牡蛎20个，大蒜5瓣，干辣椒2个，黑芝麻少许，淀粉3大勺，橄榄油适量，盐、胡椒粉各少许

●橄榄油辣椒沙拉汁　橄榄油3大勺，干辣椒1个，醋2大勺，酱油1大勺，糖1小勺，盐少许

1. 菠菜切掉根部后洗净沥干水分。
2. 牡蛎用盐和胡椒粉腌一下，撒上适量淀粉拌匀后炒熟，将1个干辣椒切成薄片，与黑芝麻一起趁热拌入炒熟的牡蛎中。
3. 大蒜切片，在锅中涂上橄榄油，放入蒜片炒一下，然后把剩下的干辣椒掰成两半放入锅中煸出香味，放入菠菜略炒后盛出装盘。
4. 在炒过菠菜的锅中加入制作沙拉汁的原料煮开。
5. 把菠菜和牡蛎搅拌在一起，淋上沙拉汁即可。

菠菜圣女果沙拉　保护视力

272kcal

菠菜中的叶黄素和圣女果中的 β-胡萝卜素能够保护眼睛。

●原料　菠菜200g，圣女果10个，大蒜5瓣、芝麻少许

●香菇洋葱沙拉汁　香菇1个，洋葱1/4个，橄榄油、醋各3大勺，黄油1大勺，盐少许

1. 菠菜切掉根部，洗净沥干水分。
2. 圣女果切成方便食用的小块。
3. 香菇切成薄片，洋葱切碎，在锅中涂上黄油，放入香菇片和洋葱略炒，然后放入制作沙拉汁的调料煮开。
4. 步骤3的沙拉汁做好后，把大蒜切成片放入锅中同炒，然后放入菠菜和圣女果快速翻炒，装盘撒上一些芝麻即可。

菠菜豆腐沙拉　预防结石　*325kcal*

菠菜中的草酸会引起结石，先将菠菜放入开水中焯 1 ～ 2 分钟，草酸就会溶于热水中。再与豆腐一起食用，其中的钙和矿物质就能有效预防结石。

●原料　菠菜 400g，豆腐 1/2 块

●芝麻豆腐沙拉汁　黑芝麻 3 大勺，豆腐 1/4 块，香油 1 大勺，蒜末、盐各 1 小勺

1. 菠菜择干净切掉根部，在热水中焯一下，滤干水分，豆腐切块。
3. 将黑芝麻和豆腐磨碎，与制作沙拉汁的调料混合在一起制成沙拉汁。
4. 将菠菜与沙拉汁拌匀，如图所示，盛在碗的一边，另一边摆上豆腐块。

06 胡萝卜

胡萝卜富含能够提高人体免疫力的胡萝卜素，其中的 α-胡萝卜素和 β-胡萝卜素在体内能够起到抗氧化的作用，还能预防癌症和机体老化，以及抑制致癌物质和有毒物质对人体的伤害。β-胡萝卜素被人体吸收后会转化为维生素 A，它能强化黏膜组织，还能治疗胃溃疡，提高免疫力和抵抗力。维生素 A 还能缓解眼睛疲劳、恢复视力。

胡萝卜最好用油烹制，生吃只有 8% 的胡萝卜素能被人体吸收，而用油烹调后则能吸收 70%。β-胡萝卜素主要存在于胡萝卜的皮中，最好连皮吃。

除了胡萝卜素，胡萝卜还含有果胶，这是一种膳食纤维，有助于肠胃排出代谢废物，改善肠道功能，预防便秘。

适宜与胡萝卜搭配的沙拉汁原料

橄榄油 帮助人体吸收 β-胡萝卜素。

黑芝麻 黑芝麻中的膳食纤维有助于通便。

加入橄榄油、芝麻的沙拉汁

橄榄油大蒜沙拉汁 P182

芝麻花生酱沙拉汁 P190

芝麻酱油沙拉汁 P190

剩下的胡萝卜怎么办?

胡萝卜和苹果一起榨汁喝能够驱寒暖体，提高免疫力。最好洗干净连皮食用。做法很简单，在榨汁机中放入胡萝卜块和苹果块，加适量水打碎即可。为防止苹果褐变，可以添加少量柠檬汁。

其他健康食谱

胡萝卜羹

制作方法

胡萝卜 1 根，洋葱 1/2 个，牛奶 2 杯，鲜奶油 1/3 杯，大米粉、黄油各 2 大勺，盐、胡椒粉、帕尔玛奶酪各少许

锅里放入黄油，将胡萝卜和洋葱切碎，炒至上色，加入牛奶煮 5 分钟，倒入搅拌器中打匀，再倒回锅中，用等量的水将大米粉化开，倒入锅中同煮以增加黏稠度。开锅后煮约 2 分钟，同时不停搅拌，加入鲜奶油、盐和胡椒粉。最后撒些奶酪末即可。

胡萝卜奶酪沙拉　提高免疫力　*393kcal*

奶酪中的脂肪有助于胡萝卜素的吸收，提高免疫力。

●原料　胡萝卜 1 根，埃曼塔尔奶酪（大块）1/2 杯，生菜 10 片

●橄榄油蜂蜜沙拉汁 橄榄油 4 大勺，蜂蜜、醋、柠檬汁、芥末酱各 1 大勺，切碎的尖椒 1/2 大勺，盐少许

1. 胡萝卜削皮切成薄片，放在锅里炒一下。
2. 如图所示，奶酪切成条状，生菜撕成方便食用的小块。
3. 将沙拉汁的原料拌匀制成沙拉汁。
4. 把胡萝卜、奶酪和生菜拌到一起，淋上沙拉汁即可。

胡萝卜苹果沙拉　护肤美容　*492kcal*

胡萝卜中的 β-胡萝卜素能够保护皮肤，苹果中的果胶能够清理肠道。

●原料 胡萝卜、苹果各2个，核桃3颗，切碎的罗勒少许

●橄榄油洋葱沙拉汁 切碎的洋葱1/4个，橄榄油4大勺，醋2大勺，芥末籽酱1小勺，盐、胡椒粉各少许

1. 胡萝卜切丝，苹果去核，如图所示，切成半月形。
2. 核桃仁在锅里炒一下。
3. 将沙拉汁的原料拌匀制成沙拉汁。
4. 把准备好的原料拌在一起，淋上沙拉汁即可。

胡萝卜红薯沙拉 缓解便秘 *461kcal*

胡萝卜中的果胶以及红薯、芹菜中的膳食纤维能够有效缓解便秘。

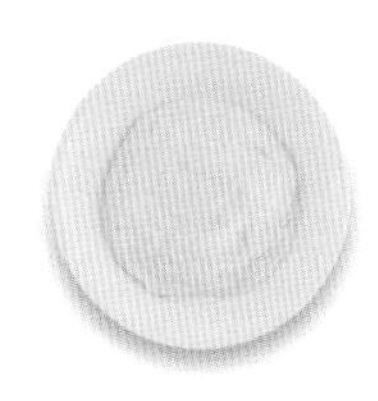

●原料 胡萝卜、苹果、红薯各1个，芹菜1根，薄荷叶少许

●蛋黄酱白糖沙拉汁 蛋黄酱1/2杯，柠檬汁、白糖各2大勺，盐少许

1. 把胡萝卜、苹果和芹菜切成大小适中的块，红薯蒸熟后切块。
2. 将沙拉汁的原料拌匀制成沙拉汁，与切好的各种原料拌在一起。

07 卷心菜

卷心菜富含维生素 C、K，B 族维生素，β-胡萝卜素和钙、铁、硫磺、碘等多种矿物质，尤其是含有很多维生素 U 和维生素 K，对胃溃疡和十二指肠溃疡有特殊疗效。除此以外，还富含膳食纤维，能够缓解便秘。

卷心菜对癌症的预防有一定功效，具有抗氧化作用的 β-胡萝卜素和维生素 C、保护黏膜和预防胃溃疡的维生素 U、维生素 K 相互作用，能够消灭细菌和病毒，达到自然治愈某些疾病的效果。卷心菜中的维生素 C 能够促进胶原蛋白的生成，从而预防皮肤老化。卷心菜中不仅钙的含量很高，而且维生素 K 能够帮助钙的吸收，特别适合闭经后女性和处于成长期的青少年食用。卷心菜也是很好的减肥食品，长时间节食减肥会导致骨质疏松，卷心菜可以预防这种情况的发生。

卷心菜最好生吃，因为加热会使矿物质、蛋白质和碳水化合物等多种营养成分丢失。

适宜与卷心菜搭配的沙拉汁原料

有机酸 水果中的有机酸能够帮助卷心菜中钙的吸收。

加入水果有机酸的沙拉汁

蛋黄酱菠萝汁沙拉汁 P187
酸奶柠檬沙拉汁 P188
草莓沙拉汁 P189

剩下的卷心菜怎么办?

将卷心菜切成适中的小块，与冰箱中剩余的其他原料混合到一起，再加入面粉和鸡蛋调成糊，放在锅中煎至淡黄色。这样的卷心菜煎饼香脆可口，别有一番风味。

其他健康食谱

卷心菜泡菜

制作方法

卷心菜 1/2 棵，紫甘蓝 1/8 棵；★醋汁 醋、糖、水各 1 杯，盐 4 大勺

将卷心菜洗净，切成方便食用的小块。在碗里加入醋汁的各种原料，搅拌均匀，糖和盐溶化后把卷心菜和紫甘蓝放入醋汁中拌匀。将卷心菜全部放入碗中后一定要压紧，不留缝隙，使之与空气隔绝，腌制一天后即可食用。

卷心菜苹果沙拉　保护肠胃　*268kcal*

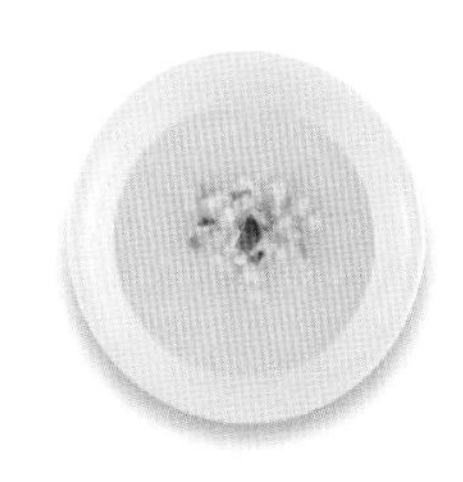

卷心菜和苹果能够保护胃壁免受刺激。

●原料 卷心菜 1/2 棵，苹果 1/2 个，甜菜、欧芹各少许

●苹果醋沙拉汁 苹果 1/2 个，醋、橄榄油各 3 大勺，糖 1 大勺，盐、胡椒粉各少许

1. 卷心菜切丝，在水里泡一下，沥干水分。
2. 苹果洗净，带皮切丝；甜菜也切丝；欧芹切成末。
3. 将制作沙拉汁的调料放进搅拌机中打碎拌匀，制成沙拉汁。
4. 准备好的卷心菜、苹果、甜菜和欧芹装盘拌匀，淋上沙拉汁即可。

卷心菜猪排沙拉　促进消化　*390kcal*

吃油腻食品时，搭配吃一些卷心菜可以促进消化。

●原料　卷心菜 1/4 棵，芹菜 1 根，猪排 2 块

●橄榄油芥末籽酱沙拉汁　橄榄油 3 大勺，醋、切碎的洋葱、芥末籽酱各 1 大勺，蜂蜜 1/2 大勺，酱油 1 小勺

1. 卷心菜切丝，芹菜切段。
2. 将猪排炸至淡黄色，切成方便食用的小块。
3. 将沙拉汁的原料拌匀制成沙拉汁，与卷心菜丝、芹菜、猪排拌匀即可。

卷心菜鲑鱼沙拉　预防骨质疏松　*258kcal*

鲑鱼中的维生素 D 能够帮助人体吸收卷心菜中的钙。

●原料　卷心菜 1/4 棵，熏制鲑鱼 100g，紫甘蓝 1/8 棵，清酒、盐、切碎的迷迭香各少许

●橄榄油罗勒沙拉汁　橄榄油、切碎的洋葱各 3 大勺，醋、柠檬汁各 1 大勺，切碎的罗勒 1 小勺，盐、胡椒粉各少许

1. 卷心菜切块，放在锅中加入适量盐快速翻炒后出锅。
2. 鲑鱼用清酒和切碎的迷迭香腌一下。
3. 将沙拉汁的原料拌匀制成沙拉汁，准备好的各种原料放在碗中拌匀，最后淋上沙拉汁即可。

08　西蓝花

西蓝花含有丰富的硒，能够消除使人体老化的活性氧，并有抗癌作用。尤其对大肠癌、肺癌、肝癌和乳腺癌的疗效显著。

西蓝花是患有胃溃疡和胃炎等肠胃疾病的人的理想食物，它所含的维生素U比卷心菜还多，其中的“莱菔硫烷”能杀死引起胃炎和胃溃疡的幽门螺杆菌，对于保护肠胃也有一定的作用。西蓝花中的β-胡萝卜素能够增强皮肤黏膜的抵抗力，防止细菌感染，其中的膳食纤维能够吸附肠道内的有害物质并将其排出体外。另外β-胡萝卜素和吲哚化合物不仅能够预防癌症，还能预防机体老化和一些生活方式病，用油烹炒能够提高β-胡萝卜素的吸收率。

西蓝花中维生素C的含量是柠檬的2倍。

适宜与西蓝花搭配的沙拉原料

蛋黄酱 提高西蓝花中β-胡萝卜素的吸收率。

柠檬汁 促进人体对西蓝花中铁的吸收。

加入蛋黄酱、柠檬汁的沙拉汁

蛋黄酱柠檬沙拉汁 P186

蛋黄酱松子沙拉汁 P186

蛋黄酱迷迭香沙拉汁 P187

剩下的西蓝花怎么办？

一般人们食用西蓝花的花朵，丢掉茎部，其实西蓝花的茎中含有很多营养成分。将老化的茎的外皮剥掉，切成大小适中的块，用热水焯一下，与西蓝花的花朵一起拌沙拉或是炒着吃都是很好的选择，不仅味道好而且营养丰富。

其他健康食谱

西蓝花浓汤

制作方法

西蓝花1朵，土豆2个，牛奶1杯，鲜奶油1/2杯，盐、胡椒粉各少许

土豆削皮，锅中加水没过土豆，煮熟后放入西蓝花和牛奶同煮，开锅后倒入搅拌机，打碎拌匀再倒入锅中煮，最后放入鲜奶油、盐和胡椒粉即可。

西蓝花鲜虾沙拉　护肤美容　*487kcal*

西蓝花中的 β-胡萝卜素和虾肉中的胶原蛋白使皮肤更健康。

●原料　西蓝花、菜花各 1/2 朵，虾 15 只，橄榄油 2 小勺，大蒜 1 瓣，盐少许

●腌虾调料　清酒 1 大勺，盐、胡椒粉、切碎的迷迭香各少许

●蛋黄酱辣调味汁沙拉汁　蛋黄酱 6 大勺，糖 2 大勺，辣调味汁 1 大勺，盐 1 小勺，白胡椒粉、姜汁各少许

1. 西蓝花和菜花切成方便食用的小块，放一些盐，稍微焯一下。
2. 去掉虾头，只留虾尾，剥皮后腌一下。
3. 在平底锅中涂上适量橄榄油，大蒜切片炝锅，放入腌好的虾肉炒一下，再放入西蓝花和菜花同炒。
4. 将沙拉汁的原料拌匀制成沙拉汁，把炒好的虾肉、西蓝花和菜花装盘，淋上沙拉汁即可。

西蓝花洋松茸沙拉　预防感冒　*431kcal*

西蓝花和洋松茸都能够提高免疫力，预防感冒。

●原料　西蓝花 1 朵，洋松茸 10 个，法棍面包 2 块，橄榄油 1 小勺

●蛋黄酱奶酪沙拉汁　蛋黄酱、奶酪各 3 大勺，柠檬汁 1 大勺，切碎的欧芹 1/2 小勺，盐少许

1. 将西蓝花切成方便食用的小块，放在盐水中焯一下。
2. 洋松茸加橄榄油大火快速翻炒。
3. 将沙拉汁的原料拌匀制成沙拉汁，将步骤 1、2 准备好的原料混合在一起，淋上沙拉汁后放在面包片上即可。

西蓝花杏仁沙拉　增强大脑活力　*388kcal*

西蓝花中的维生素C和杏仁中的维生素E能够增强大脑活力。

●原料 西蓝花1朵，杏仁6大勺

●蛋黄酱酸奶沙拉汁 蛋黄酱、酸奶各3大勺，柠檬汁、蜂蜜各1大勺，盐少许

1. 将西蓝花切成方便食用的小块，在盐水中焯一下，沥干水分。
2. 杏仁放入锅中炒香，然后压成碎块。
3. 将沙拉汁的原料拌匀制成沙拉汁，西蓝花盛到碗里，淋上沙拉汁拌匀并撒上杏仁即可。

09 洋葱

饮食比较油腻的人容易得心血管疾病。经常食用洋葱，可以防止胆固醇被氧化，从而起到清洁血管、预防心血管疾病的作用。洋葱还能预防血栓，保护心脏。

洋葱特有的辣味源于一种有机硫化物“大蒜辣素”，该成分能够刺激大脑的延髓，促进血液循环，具有发汗、退热的作用，在感冒初期时吃洋葱最好。大蒜辣素与维生素 B_1 结合会转化成“蒜硫胺素”，该成分不会破坏肠道内的有益菌，容易吸收，能够促进人体吸收维生素 B_1。这是分解糖分、产生能量的重要成分。洋葱中还含有“增精素”，能够促进新陈代谢，强身健体。

适宜与洋葱搭配的沙拉原料

鲜奶油 缓解洋葱的辣味。

橄榄油 降低血液中胆固醇含量。

加入鲜奶油、橄榄油的沙拉汁

橄榄油柠檬沙拉汁 P182

橄榄油罗勒沙拉汁 P182

橄榄油芥末酱沙拉汁 P183

鲜奶油饴糖沙拉汁 P188

剩下的洋葱怎么办?

把剩下的洋葱与大酱同炒，可以减少大酱的咸味和涩味，使之具有淡淡的甜味，口感更加柔和。

其他健康食谱

洋葱酱菜

制作方法

洋葱 5 个；★酱汁 酱油 1 杯，水 2/3 杯，醋 1/2 杯，糖 3 大勺

将洋葱切成适中的小块，锅中倒入适量上述酱汁煮开，开锅后关火，晾到温热时把洋葱倒入酱汁中，3 天后再次煮开，腌制 1 周即可。

洋葱蔬菜沙拉　净化血液　*224kcal*

蔬菜中的维生素 C 能够清洁血管。

●原料　洋葱 1 个，紫洋葱 1/2 个，虾 16 只，红甜菜叶、菊苣各 50g，柠檬汁、橄榄油各 1 小勺

●鲜奶油辣调味汁沙拉汁　鲜奶油 3 大勺，酸奶 2 大勺，柠檬汁 1 大勺，辣调味汁 1/2 大勺，蜂蜜 1 小勺，盐、胡椒粉各少许

1. 洋葱切丝，在水中浸泡一下，沥干水分。其他蔬菜洗净切成方便食用的小块。
2. 虾去头剥皮，用柠檬汁和橄榄油腌一下，然后快速翻炒装盘。
3. 将沙拉汁的原料拌匀制成沙拉汁。
4. 将洋葱丝、虾肉和蔬菜混合在一起，淋上沙拉汁拌匀即可。

洋葱土豆沙拉　恢复元气　*309kcal*

洋葱能够促进新陈代谢，土豆能够恢复元气。

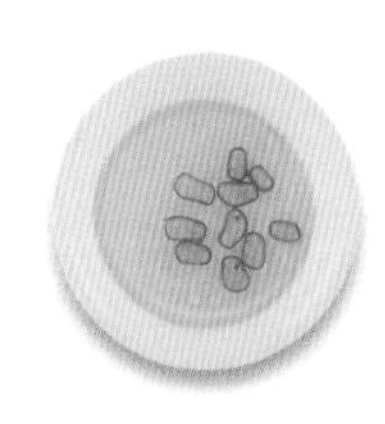

●原料　洋葱、土豆各2个，香肠1根，菠菜叶6张，盐少许

●橄榄油辣椒沙拉汁　橄榄油2大勺，醋1大勺，切碎的尖椒1小勺，盐、胡椒粉各少许

1. 洋葱切丝放入锅中，加适量盐炒至淡黄色。香肠从中间切一刀后烤一下。
2. 将沙拉汁的原料拌匀制成沙拉汁。
3. 将土豆煮熟磨碎，菠菜叶切碎拌入土豆泥中，再淋上沙拉汁拌匀。
4. 如图所示，将土豆、洋葱、香肠装盘。

洋葱猪肉沙拉　缓解疲劳

597kcal

猪肉富含蛋白质，洋葱中含有维生素 B_1，能够帮助缓解疲劳。

●原料 洋葱1个，猪肉300g，西蓝花1朵，菊苣、盐各少许

●五花肉酱料 水2杯，大酱、清酒各1大勺

●酱油芥末沙拉汁 酱油、醋各2大勺，水、糖各1大勺，淡芥末1小勺，姜汁少许

1. 洋葱切丝放在水中浸泡一下去除辣味，西蓝花掰成小朵用盐水焯一下，菊苣洗净后撕成方便食用的小块。
2. 锅中倒入清酒和大酱，放入五花肉煮熟后捞出。
3. 将沙拉汁的原料拌匀制成沙拉汁，把步骤1、2准备好的原料装盘，淋上沙拉汁拌匀即可。

10 大蒜

众所周知，大蒜是一种能够为人体注入活力的食物，它所含的“大蒜辣素”与体内的维生素 B_1 相结合就会生成名为“蒜硫胺素”的化合物，这种物质能够促进新陈代谢，缓解疲劳，使我们充满活力。大蒜中含有丰富的锌，能刺激激素的分泌，增加精子数量，使人精力充沛。另外，大蒜还能促进细胞的活性，帮助正常细胞战胜癌细胞。

大蒜对于心血管病患者也很有益处。大蒜辣素与人体内的脂肪结合后能够清洁血液，增加细胞活性，从而达到温暖身体的效果。摄入肉类食物时吃一些大蒜，能够降低血液中胆固醇的含量。大蒜还有很好的杀菌功效，对高血压、糖尿病等的治疗有一定帮助。大蒜中的钙能够促使血液中的钠排出，使血压正常，大蒜辣素能够刺激胰脏细胞，促进胰岛素的分泌。

适宜与大蒜搭配的沙拉汁原料

醋 中和大蒜的辣味和刺激性气味。

加入醋的沙拉汁

橄榄油食醋沙拉汁 P182
橄榄油蜂蜜沙拉汁 P182
橄榄油芥末籽酱沙拉汁 P182
酱油姜末沙拉汁 P184

剩下的大蒜怎么办？

把剩余的大蒜腌制一下，吃酱肉、腌肉等很多食物时都可以搭配着吃，同样能发挥大蒜的各种功效。在锅中放入大蒜 2 杯、酱油 2 杯、料酒 2 杯、水 1 杯、蜂蜜 1/2 杯、干辣椒 3 个、姜 1 片，用文火熬制，直至锅中的汤汁剩下约 3 杯的量，即可关火。

其他健康食谱

黄梅糖蒜

制作方法

大蒜 30 头，粗盐 1 杯，黄梅 2kg，红糖 1.2kg

夏至前买入大蒜，把每头大蒜中间的硬杆去掉，然后放入腌蒜的容器中，撒入 1 杯盐，加水没过大蒜，浸泡约 20 天。黄梅是青梅熟透后的果实，此时香气正浓。将黄梅洗净沥干水分，放入瓶中，撒上厚厚的红糖，约 20 天后会溢出褐色的液体。将液体滤出，倒入锅中煮开后晾凉。将腌好的大蒜捞出去皮，放入瓶中，倒入黄梅汤，再腌制约 1 个月后即可食用。

大蒜鸡肉沙拉　注入活力　*400kcal*

大蒜能够降低鸡肉中胆固醇的含量，对提高精力也有一定帮助。

●原料　大蒜 1 头，鸡腿肉 4 块，小甜椒 4 个，洋葱 1/2 个，生菜 3 片，芥菜叶 10 张

●鸡肉调料　酱油、料酒各 3 大勺，苹果泥 2 大勺，蜂蜜 1 大勺，胡椒粉少许

●香油醋沙拉汁　醋 2 大勺，香油、糖各 1 大勺，盐 1/2 小勺

1. 一半大蒜留下备用，另一半切片后与鸡肉混合，腌 10 分钟。
2. 在鸡肉上倒入腌制鸡肉的酱料拌匀腌一下，然后将鸡肉和备用的大蒜一起倒入锅中炒熟。
3. 洋葱切丝，其他蔬菜切成方便食用的小块。
4. 把制作沙拉汁的原料拌匀制成沙拉汁，倒入备好的蔬菜中拌匀。
5. 将步骤 4 中拌好的蔬菜铺在盘中，倒入炒好的鸡肉和大蒜即可。

大蒜蘑菇沙拉　提高免疫力　*203kcal*

大蒜中的大蒜辣素具有杀菌作用，大蒜和蘑菇能提高免疫力。

●原料　大蒜10瓣，各种蘑菇300g，豆腐1/3块，干辣椒1个，橄榄油适量，盐、胡椒粉、面粉各少许

●酱油辣椒油沙拉汁　酱油3大勺，辣椒油、蒜末、糖、醋各1大勺

1. 大蒜切片，蘑菇切成方便食用的小块。
2. 豆腐切大块，用盐和胡椒粉腌一下，裹上面粉煎熟。
3. 将制作沙拉汁的原料拌匀制成沙拉汁。
4. 在碗中依次盛上大蒜、豆腐、蘑菇和辣椒，淋入沙拉汁拌匀即可。

糖蒜洋葱沙拉　预防心血管疾病　*229kcal*

糖蒜和洋葱具有溶栓效果，还能降低胆固醇。

●原料　糖蒜 12 瓣，洋葱、紫洋葱各 1/4 个，鸡胸肉 1 块，黄瓜 1 根，大枣 3 颗

●鸡肉调料　盐、清酒各 1 大勺

●人参柠檬沙拉汁　人参 1/2 根，柠檬汁、蜂蜜各 2 大勺，糖蒜汁 2 大勺，淡芥末 1 小勺，盐、胡椒粉各少许

1. 糖蒜切片，洋葱、黄瓜、大枣切成方便食用的小块。
2. 鸡胸肉用鸡肉调料腌一下，然后蒸熟，撕成丝。
3. 人参切碎，与制作沙拉汁的原料混合在一起制成沙拉汁。
4. 将所有准备好的原料装盘，淋上沙拉汁拌匀即可。

11 生菜

由于压力而积聚内热，使口腔出现异味或身体浮肿、小便不畅时，最好吃一些生菜。折断生菜叶子时会流出一种白色液体，其中含有“山生菜膏”，该成分具有镇定神经的作用。饮酒过量、肠胃不适或头疼时吃一些生菜能够起到舒缓肠胃、提神醒脑的作用。

生菜含有丰富的 β-胡萝卜素、B 族维生素、铁、钙等。钙对于更年期女性的骨质疏松有一定疗效，β-胡萝卜素能够防止皮肤老化，保持头发的光泽。生菜的绿色缘于其丰富的类胡萝卜素，它能排出体内有害的活性氧，预防成人病。生菜中 β-胡萝卜素和维生素 K 的含量很高，与肉类和鱼类一起食用能够提高它们的吸收率。β-胡萝卜素能减少人体内有害的活性氧，防止老化。维生素 K 具有凝血作用，是骨骼发育必需的营养素。生菜中的叶黄素能够保护视神经，具有保护眼睛的作用。

适宜与生菜搭配的沙拉汁原料

芝麻 有助于生菜中钙的吸收。

香油 有助于生菜中 β-胡萝卜素和叶黄素的吸收。

加入芝麻、香油的沙拉汁

酱油香油沙拉汁 P184
芝麻酱油沙拉汁 P190
芝麻蛋黄酱沙拉汁 P190

剩下的生菜怎么办?

剩下的生菜可以做面膜。先将 5 片生菜叶放入榨汁机榨出生菜汁，再加入2大勺酸奶、1大勺薏米粉拌匀，洗脸后均匀涂于面部，15 ～ 20 分钟后用温水洗净。生菜中的解毒成分能够使皮肤清洁水嫩。

其他健康食谱

生菜年糕

制作方法

生菜 100g，加盐的糯米粉 5 杯，绿豆沙 2 杯，糖 4 大勺

生菜切成大一点的片。糯米粉中加适量水，像做年糕一样用拳头边打边揉，然后加入糖。绿豆先在水中浸泡 5 个小时，去皮蒸熟，用筛子过滤后得到绿豆沙。把和好的糯米面和生菜混合，将绿豆沙包在面里，放入蒸笼蒸约 20 分钟即可。

生菜小银鱼沙拉　预防骨质疏松　*342kcal*

生菜富含钙和维生素 K，与富含维生素 D 的食物一起食用效果更佳。

●原料　小银鱼 60g，生菜叶 20 片，嫩豆腐 1/2 块，红辣椒 1/2 个，红甜菜叶少许，橄榄油适量

●芝麻酱油沙拉汁　芝麻盐 4 大勺，酱油、醋各 2 大勺，糖 1 大勺，香油 1 小勺

1. 在锅中放入适量油，将小银鱼炒熟后滤掉油装盘。
2. 将生菜和红甜菜叶切成方便食用的小块，红辣椒切碎。
3. 嫩豆腐沥干水分后切成方便食用的小块。
4. 将沙拉汁的原料拌匀制成沙拉汁，把准备好的所有原料装盘，淋上沙拉汁拌匀即可。

生菜桃子沙拉　治疗失眠　*271kcal*

生菜具有安定神经的作用，桃子能够温暖身体，两者搭配食用能够让你拥有安逸香甜的睡眠。

●原料　紫生菜叶 20 片，大枣 8 颗，桃子 2 个

●碎洋葱生姜沙拉汁　葡萄酒 3 大勺，切碎的洋葱 2 大勺，柠檬汁、蜂蜜、香油各 1 大勺，姜汁 1/2 小勺，黄油、盐各少许

1. 生菜切成方便食用的小块；大枣去核，滚刀切成花朵形薄片。
3. 桃子去核，切成方便食用的小块。
4. 锅内涂上适量黄油，将洋葱炒至透明，倒入葡萄酒，开锅后关火，倒入其他制作沙拉汁的原料后晾凉。
5. 将准备好的所有原料装盘，淋上沙拉汁拌匀即可。

生菜牛肉沙拉　护肤美容 *446kcal*

牛肉中的脂肪酸有助于生菜中 β-胡萝卜素的吸收，并增加皮肤的弹性。

● 原料　生菜叶 30 片，牛肉 150g，栗子 5 个，大葱 1/2 根

● 牛肉酱料　酱油 1 大勺，糖 1/2 大勺，蒜末 1 小勺，胡椒粉少许

● 酱油芝麻沙拉汁　糖 2 大勺，酱油、香油各 1 大勺，芝麻盐 2 小勺，辣椒粉、盐各 1 小勺

1. 生菜切成方便食用的小块，栗子切成圆片，大葱切丝。
2. 先将牛肉切成大块，用牛肉酱料腌一下，煎熟后切成方便食用的小块；将沙拉汁的原料拌匀制成沙拉汁。
3. 准备好的所有原料装盘，淋上沙拉汁拌匀即可。

12 蘑菇

癌症患者接受化疗会伴随脱发、呕吐、腹泻、食欲不振等副作用，而蘑菇对于这些副作用有一定的疗效。蘑菇能够防止致癌物质在肠道内长期滞留，因此在预防大肠癌方面效果显著。蘑菇富含膳食纤维，在胃里停留的时间长，有饱腹感，是很好的减肥食品。

蘑菇中的“香菇多糖”能够缓解压力，抗病毒的能力很强。蘑菇富含维生素 D 的母体“麦角固醇”，能够强健骨骼。除此之外，蘑菇和蔬菜水果一样富含矿物质和蛋白质，所以蘑菇与肉类搭配食用是最理想的。蘑菇特有的香味能去除肉类的膻味，增进食欲，还能降低脂肪在人体内的吸收率。木耳适合神经敏感的人食用，它含有钙、铁等丰富的矿物质，具有补血的作用，贫血的孕妇食用效果甚佳。

适宜与蘑菇搭配的沙拉汁原料

橄榄油 帮助人体吸收蘑菇中的维生素 D。

使用橄榄油的沙拉汁

橄榄油辣椒沙拉汁 P182
橄榄油大蒜沙拉汁 P182
橄榄油菠萝沙拉汁 P183

剩下的蘑菇怎么办？

一般我们会把香菇的柄扔掉，其实这些香菇柄也能做出一道别有风味的菜肴。最简单的就是酱汤，放入香菇柄的酱汤美味可口。或像做酱牛肉一样，先在锅中倒入足够的水，再放入酱油、糖慢慢熬制，最后就可以得到咸香美味的酱香菇柄了。

其他健康食谱

香菇酱菜

制作方法

干香菇 100g，海带（10cm×10cm）1 片，水 2 杯，香葱末 1 大勺，香油 1 小勺，芝麻少许；★腌制酱菜的调料 酱油、糖各 1/2 杯，水饴 1 杯，蜂蜜 3 大勺，泡海带的水 2 杯

将香菇切成适中的小块，在冷水中浸泡。海带浸泡一天一夜，煮开后捞出。在煮海带的水中加入适量酱油、糖和水饴，煮 30 分钟后放入蜂蜜拌匀，关火冷却，腌制香菇的调料就做好了。去掉香菇柄，沥干水分，倒入调料。一周后滤出酱汁，煮开后冷却，再继续腌制。10 天后将香菇捞出，切成方便食用的小块，再加入香葱、香油和芝麻拌匀食用。

香菇彩椒沙拉　缓解压力　*302kcal*

蘑菇中的香菇多糖和甜椒中的维生素 C 有助于缓解压力。

●原料　干香菇 18 朵，青、红、黄甜椒各 1 个，菠萝 2 块，淀粉 3 大勺，蒜末 1 小勺，盐少许，橄榄油适量

●腌制香菇的酱料　水 3 大勺，酱油 1 大勺，糖 2 大勺，淀粉 1 小勺

●海鲜沙司柠檬汁沙拉汁　柠檬汁 3 大勺，海鲜沙司 2 大勺，切碎的尖椒、糖各 1 大勺

1. 香菇在水中浸泡，掰掉香菇的柄，切成方便食用的小块，用大蒜和盐腌一下，裹上淀粉炸熟。
2. 锅中放入腌制香菇的酱料煮开，把炸好的香菇放入酱料中拌匀。
3. 菠萝和甜椒分别切成方便食用的小块，快速翻炒一下。
4. 将制作沙拉汁的原料拌匀制成沙拉汁，准备好的所有原料装盘，淋上沙拉汁拌匀即可。

洋松茸辣椒沙拉　增强免疫力　*213kcal*

洋松茸能够提高免疫力，辣椒中的维生素 C 对健康也大有裨益。

● **原料**　洋松茸 20 个，红辣椒 3 个，尖椒 6 个，柠檬汁 1 大勺

● **蛋黄酱沙拉汁**　蛋黄酱 4 大勺，醋、蜂蜜各 1 大勺，芥末 1 小勺，盐少许

1. 洋松茸切成方便食用的小块，淋上柠檬汁后快速翻炒。
2. 红辣椒和尖椒切成圆片。
3. 将制作沙拉汁的原料拌匀制成沙拉汁，淋在准备好的原料上拌匀后装盘即可。

蘑菇豆腐沙拉　预防大肠癌　*490kcal*

豆腐中的皂角苷和蘑菇中的膳食纤维能够预防大肠癌。

●原料　各种蘑菇300g，豆腐1/2块，茼蒿50g，大蒜2瓣，橄榄油、淀粉各2大勺

●牡蛎沙司淀粉沙拉汁　牡蛎沙司3大勺，淀粉1大勺，水1/2杯，糖、辣椒油各2大勺

1. 豆腐切成方块，撒一点盐，裹上淀粉和油，放入锅中煎至金黄色。蘑菇切成方便食用的小块，大蒜切片。
2. 锅中倒入适量油，先放入蒜片炒一下，再放入蘑菇用大火快速翻炒。将制作沙拉汁的原料拌匀制成沙拉汁，倒入锅中快速翻炒后装盘。如图所示，放在摆好的豆腐和茼蒿中即可。

13 甜椒

气味芬芳、五颜六色的甜椒含有丰富的营养物质，尤其是 β-胡萝卜素和维生素 C 的含量很高，其中维生素 C 的含量在蔬菜中首屈一指，是西红柿的 5 倍、柠檬的 2 倍。在不同颜色的甜椒中，营养物质的含量也不同，比如红甜椒中的 β-胡萝卜素含量较高，青甜椒中铁和钙的含量较高。

青甜椒中维生素 C 的含量要高于红甜椒。吸烟的人应该多吃甜椒，因为吸烟者和吸二手烟的人血液中维生素 C 的浓度很低，多吃甜椒能够补充维生素 C。另外，维生素 C 能够提高人体的免疫力，保持正常细胞的健康，从而预防感冒，还能缓解压力。甜椒中还含有能够增强维生素 C 功效的维生素 P，即使加热，其营养物质也基本不会被破坏。甜椒的热量很低，是很好的减肥食品。

适宜与甜椒搭配的沙拉汁原料

松子 松子能够使口感更加香脆，还能提高 β-胡萝卜素的吸收率。

橄榄油 提高甜椒中 β-胡萝卜素的吸收率。

加入松子、橄榄油的沙拉汁

橄榄油芥末籽酱沙拉汁 P182
橄榄油辣椒酱沙拉汁 P182
蛋黄酱松子沙拉汁 P186

剩下的甜椒怎么办?

剩下的甜椒可以打成汁。甜椒中丰富的维生素 C 有助于缓解压力。把 1 个红甜椒、1/2 杯酸奶、1/2 杯牛奶、1 大勺蜂蜜放在搅拌机中打成汁，就是一杯清凉爽口的甜椒饮料了。

其他健康食谱

甜椒饼

制作方法

青甜椒2个,豆腐1/2块,虾肉50g,香菇3朵，香油、葱末各 1 小勺，盐、胡椒粉各少许，面粉 2 大勺，鸡蛋 1 个

将甜椒切成 1cm 厚的片，去掉中间的籽，豆腐磨碎沥干水分。虾肉和香菇切碎后，用盐腌一下，去除水分。将豆腐、虾肉和香菇末混合在一起，加入香油、葱末、盐和胡椒粉拌匀。甜椒里面涂上面粉，然后把做好的馅料塞进甜椒里，再裹上面粉和鸡蛋煎至淡黄色即可。

甜椒竹笋松子沙拉　预防大脑老化　*295kcal*

甜椒中的维生素 C 和松子中的维生素 E、竹笋中的酪氨酸能够提高大脑活性，预防老化。

●原料　青、红甜椒各 1 个，竹笋 2 个，牛肉、绿豆芽各 100g，橄榄油适量

●牛肉酱料　酱油 1 大勺，糖 1/2 大勺，蒜末 2 小勺，香油 1 小勺

●酱油松子粉沙拉汁　酱油 3 大勺，醋、糖、水各 2 大勺，松子粉、香葱末各 2 小勺，芝麻少许

1. 甜椒切丝，在锅中放入适量油，将甜椒炒熟后盛出晾凉。
2. 竹笋切成梳子状，泡在清水中洗净后沥干水分，放入锅中炒熟。
3. 牛肉切条，用酱料腌一下，再放入锅中炒至收汁。
4. 绿豆芽掐头去尾，用热水焯一下后晾凉；将制作沙拉汁的原料拌匀制成沙拉汁，淋在准备好的原料上，拌匀即可。

甜椒芹菜沙拉　预防动脉硬化　*464kcal*

甜椒中的维生素 P 和芹菜中的膳食纤维能够预防动脉硬化。

●原料　红甜椒 2 个，芹菜 1 根，鸡胸肉 2 块，橄榄油、盐、胡椒粉各少许

●橄榄油大蒜沙拉汁　橄榄油 4 大勺，切碎的大蒜 1 瓣，柠檬汁 2 大勺，醋、蜂蜜各 1 大勺，盐、切碎的罗勒各少许

1. 鸡胸肉用盐和胡椒粉腌一下，涂上橄榄油煎至淡黄色盛出晾凉，切成方便食用的小块。
2. 甜椒和芹菜分别切丝。
3. 将制作沙拉汁的原料拌匀制成沙拉汁，炒好的甜椒、芹菜和鸡肉装盘，淋上沙拉汁拌匀即可。

甜椒胡萝卜沙拉　保护眼睛　*473kcal*

β－胡萝卜素在人体内能转化成维生素 A，可缓解眼睛疲劳。

●**原料** 青甜椒、红甜椒、黄甜椒、胡萝卜各 1/2 个，香菇 6 朵，面包糠 2/3 杯，橄榄油 3 大勺，糯米糕 150g，欧芹粉少许

●**蜂蜜芥末酱沙拉汁** 芥末酱 1 大勺，蜂蜜、柠檬汁各 1/2 大勺，蒜末、盐各少许

1. 甜椒切成两半，去籽。香菇和胡萝卜切碎，在锅中倒入适量油，将香菇、胡萝卜末炒熟，糯米糕切成小块。
2. 将炒熟的香菇、胡萝卜末与面包糠、欧芹粉搅拌在一起，放入步骤 1 中的半个甜椒里，在烤箱中用 170℃ 的温度烤 20 分钟。
3. 将沙拉汁的原料拌匀制成沙拉汁，淋在烤好的甜椒馅料里即可。

14 芹菜

芹菜特有的香气源于“芹菜甙”，这种香气具有镇静作用，还能促进食欲，去除肉类的膻味。芹菜和肉一起烹调，能够使肉具有一种特殊的香味，同时还能提高 β-胡萝卜素的吸收率。芹菜含有丰富的膳食纤维，能够刺激肠道，帮助排便，降低胆固醇；还含有丰富的 β-胡萝卜素和维生素 C，能够促进新陈代谢，提高精力，还能预防癌症，强化黏膜组织。芹菜富含 β-胡萝卜素，能够清洁血液，镇静神经，缓解亢奋、躁狂等症状。容易冲动的人多吃一些芹菜对稳定情绪有一定帮助。芹菜叶中 β-胡萝卜素的含量比茎要多，所以最好连叶子一起吃掉。芹菜所含的维生素 B_1 也很多，能够促进营养物质的代谢，缓解疲劳。芹菜性凉，具有去除内热、缓解头痛的功效。

适宜与芹菜搭配的沙拉汁原料

酸奶 与芹菜中的膳食纤维一起清理肠胃。

花生 预防便秘，提高 β-胡萝卜素的吸收率。

加入酸奶、花生的沙拉汁

酸奶罗勒沙拉汁 P188

芝麻花生酱沙拉汁 P190

剩下的芹菜怎么办?

剩下的芹菜可以晾干洗澡时用。通常，我们很少食用芹菜的叶子，可以把芹菜叶晾干保存在冰箱中，洗澡时把芹菜叶放在洗澡水中，不仅能够缓解精神压力，还有保湿功效。

其他健康食谱

芹菜花生小炒

制作方法

芹菜 2 根，花生 100g，大蒜 2 瓣，橄榄油 1 大勺，盐少许

芹菜切丁，放入盐水中焯一下。花生剥皮，大蒜切片，锅中放入适量油，先炒蒜片至淡黄色，然后放入花生慢慢翻炒，花生炒好后倒入芹菜，用大火快速翻炒，加适量盐调味后装盘即可。

芹菜橙子沙拉　缓解压力　　324kcal

芹菜具有镇静作用，橙子富含维生素 C，能够缓解压力。

●原料　芹菜 3 根，橙子 2 个，卷心菜叶 3 张，冷冻金枪鱼 100g

●胡麻粉酱油沙拉汁　苏子油、酱油、柠檬汁各 2 大勺，胡麻粉 2 小勺，生姜末 1 小勺

1. 把芹菜和卷心菜切成方便食用的小块，橙子只留下果肉。金枪鱼解冻后切块。
2. 将制作沙拉汁的原料拌匀制成沙拉汁，所有原料装盘，淋上沙拉汁拌匀即可。

芹菜西红柿沙拉　预防动脉硬化　102kcal

芹菜中的钙和西红柿中的番茄红素能够预防动脉硬化。

●原料 芹菜 3 根，西红柿、尖椒各 1 个

●酸奶咖喱沙拉汁 酸奶 1/2 杯，咖喱粉 1 小勺，薄荷、盐各少许

1. 将芹菜和尖椒切成丁。
2. 西红柿洗净去籽切块，薄荷切碎。
3. 将制作沙拉汁的原料拌匀制成沙拉汁，冷却一下。
4. 将准备好的所有原料放入碗中，吃之前再淋上沙拉汁拌匀。

芹菜苹果沙拉　预防便秘　505kcal

芹菜中的膳食纤维和苹果中的果胶能够刺激肠道，帮助排便。

●原料 芹菜2根，苹果1个，猪肉300g，胡萝卜、洋葱各1/4个

●腌肉酱料 盐、胡椒粉各少许，橄榄油1/2大勺

●芥末酱花生沙拉汁 水3大勺，碎花生、醋各2大勺，糖1大勺，淡芥末、酱油各1小勺，盐、胡椒粉各少许

1. 将芹菜、苹果、胡萝卜、洋葱切成条状。
2. 猪里脊肉用热水焯一下去除血水，然后用盐、胡椒粉、橄榄油腌一下，放入烤箱烤熟，晾凉后切成大小适中的块。
3. 将制作沙拉汁的原料拌匀制成沙拉汁，如图所示，将里脊肉和准备好的所有原料盛到大碗里，淋上沙拉汁拌匀即可。

15 土豆

土豆是淀粉类食物，能够提供充足的能量。土豆中的蛋白质含有多种氨基酸，尤其是丰富的人体必需氨基酸“赖氨酸”。土豆中维生素C的含量也很高。和其他蔬菜不同，加热时土豆中的淀粉能够保护维生素C不被破坏，具有较强的抗热能力。维生素C能够提高人体免疫力，预防感冒，去除活性氧。

土豆中钙的含量很高，钙有降血压的作用，具有溶于水的特性，所以用水煮土豆不如直接蒸熟。土豆含有丰富的铁，和鸡蛋中铁的含量相当。土豆中的某些成分还具有保护肠胃的作用，是胃炎患者的理想食物。土豆被阳光照射后会变绿，生成名为“茄碱”的有毒物质，烹调时一定要把发绿的部分和芽削掉。

适宜与土豆搭配的沙拉汁原料

柠檬汁 帮助土豆中铁的吸收。

松子和蛋黄酱 帮助胡萝卜素的吸收。

加入柠檬汁、松子、蛋黄酱的沙拉汁

蛋黄酱松子沙拉汁 P186

蛋黄酱葡萄酒沙拉汁 P187

剩下土豆怎么办？

土豆含有散热成分，夏天被晒得脸庞发热时，敷一个土豆面膜可以起到降温镇静的作用。将土豆磨成泥，加一些面粉，避开嘴和眼部敷在脸上，15分钟后洗净即可。

其他健康食谱

土豆丸子汤

制作方法

土豆4个，南瓜1/2个，海带（10cm×10cm）1片，鱼30g，大葱1根，大蒜2瓣，盐少许

土豆去皮，切成细丝，充分冲洗，冲洗土豆的水留用。土豆丝中加适量盐拌匀，冲洗土豆的水放置1小时以上。把土豆水下面沉淀的淀粉捞出加入土豆丝中。鱼去掉内脏清洗干净，和海带一起煮熟，开锅后将土豆丝捏成丸子放进锅里，南瓜切成半月形的薄片放进锅中同煮。开锅后放入葱花和蒜片，再加入适量盐调味即可。

土豆菠菜沙拉　缓解压力　　359kcal

土豆中的泛酸能够缓解压力，菠菜中的叶酸能够镇静神经。

●原料　土豆 2 个，菠菜 3 根，培根 3 片，洋葱 1 个，黄油 1 大勺，盐、胡椒粉各少许

●橄榄油碎洋葱沙拉汁　橄榄油 3 大勺，柠檬汁、碎洋葱各 2 大勺，盐少许

1. 土豆切成薄片，在水中泡一下去掉淀粉，用盐和胡椒粉腌一下，放在锅中煎至淡黄色。
2. 洋葱和培根切碎，也煎至淡黄色。
3. 选择薄且柔软的菠菜叶，把每片叶子洗干净后沥干水分。
4. 将制作沙拉汁的原料拌匀制成沙拉汁。
5. 菠菜叶铺在盘子中，土豆片放在菠菜叶上，再把碎洋葱和培根撒在土豆片上，最后淋上沙拉汁即可。

土豆西蓝花沙拉　保护肠胃　*445kcal*

土豆中的泛酸能够保护胃，西蓝花也对保护肠胃有帮助。

●原料　土豆2个，西蓝花1朵，洋葱1/2个，甜菜1/4个，盐少许

●蛋黄酱酸黄瓜沙拉汁　蛋黄酱8大勺，酸黄瓜1/4个，盐、胡椒粉各少许

1. 土豆切成大块，加适量盐煮熟。西蓝花掰成方便食用的小块，在盐水中焯一下。
2. 洋葱切丝，用盐腌一下，滤出水分；甜菜切成小块。
3. 酸黄瓜切成小块，与制作沙拉汁的原料拌匀制成沙拉汁。
4. 将准备好的所有原料装盘，淋上沙拉汁拌匀即可。

土豆松子沙拉　防止皮肤老化　*331kcal*

土豆中的维生素 C 和松子中的不饱和脂肪酸能够预防脑中风，防止皮肤老化。

●原料　土豆 2 个，胡萝卜、红甜椒、青甜椒各 1/2 个

●蛋黄酱松子沙拉汁　蛋黄酱 1/2 杯，松子、柠檬汁各 3 大勺，蜂蜜 1 大勺

1. 土豆去皮切丝，放在盐水中焯一下，捞出沥干水分。
2. 胡萝卜切丝，甜椒去籽后切丝。
3. 将制作沙拉汁的原料放在搅拌机中打碎，然后把准备好的所有原料装盘，淋上沙拉汁拌匀即可。

16 红薯

红薯含有抗癌因子“β-胡萝卜素”，该成分能够保护黏膜组织，具有抗癌作用。它还能保护由于吸烟受损的肺和支气管，红薯含有丰富的维生素 C，能够解除尼古丁的毒副作用，对于吸烟者来说是非常好的食物。

红薯的瓤越黄，所含的 β-胡萝卜素就越多。除红薯之外，胡萝卜、南瓜等蔬菜同样具有抗癌作用。美国国家癌症研究所的专家研究发现，每天摄入的红薯、胡萝卜、南瓜加起来超过 1/2 杯的人比不吃的人肺癌的发病率要低 50%。

红薯中的 B 族维生素和维生素 C 具有较强抗热能力，烹调后仍然能保留 70% ~ 80%。红薯是碱性食物，含有丰富的钙，钙能够促使多余的钠排出体外，预防高血压。红薯含有丰富的膳食纤维，能够促进排泄，美容护肤。

适宜与红薯搭配的沙拉汁原料

橄榄油 有助于提高红薯中的 β-胡萝卜素、菠菜中叶黄素的吸收率。

蛋黄酱 帮助红薯中 β-胡萝卜素的吸收。

加入橄榄油、蛋黄酱的沙拉汁

橄榄油蜂蜜沙拉汁 P182
蛋黄酱柠檬沙拉汁 P186

剩下的红薯怎么办？

用石块烤出的红薯要比用烤箱烤的甜。随着温度升高，红薯中的淀粉通过酶的作用会转变成具有甜味的成分，当温度在 60℃左右时这种转化最活跃。在家里可以把红薯带皮洗净，在不常用的锅里铺上石块，用小火烤 50 分钟即可。

其他健康食谱

红薯年糕

制作方法

糯米粉 5 杯，紫薯泥 3 大勺，红薯 1 个，糖 4 大勺，桂皮粉 1 小勺，水 3 大勺

糯米粉加水拌匀静置 5 小时，加入适量盐。把蒸熟去皮磨成泥的紫薯放入糯米粉中，再加入糖和桂皮粉。将另外一个红薯带皮切成不规则的小块，均匀地掺在糯米面中，上锅蒸熟，约 20 分钟后即可取出冷却，最后撒上一些糖。

红薯奶酪沙拉　保护支气管　455kcal

红薯中的 β-胡萝卜素和帮助该成分吸收的奶酪能够保护黏膜组织，有助于肺和支气管的健康。

●原料　红薯 2 个，洋葱、紫洋葱各 1/4 个，埃曼塔尔奶酪 40g，蔬菜少许

●芝麻柠檬汁沙拉汁 蛋黄酱 3 大勺，芝麻 2 大勺，柠檬汁、香油各 1 大勺，酱油 1/2 大勺

1. 将红薯蒸熟，切成圆片，奶酪切碎。
2. 洋葱和紫洋葱切丝，如图所示，蔬菜切成方便食用的小块。
3. 芝麻磨碎，加入香油，再加入其他沙拉汁原料拌匀制成沙拉汁。
4. 将准备好的所有原料装盘，淋上沙拉汁拌匀即可。

红薯洋松茸沙拉　预防便秘　*319kcal*

红薯和蘑菇中的膳食纤维能够有效预防便秘。

●**原料** 红薯2个，洋松茸7个，香菇2朵，菠菜50g，鸡蛋黄1个，盐少许，橄榄油适量

●**蛋黄酱柠檬沙拉汁** 蛋黄酱3大勺，柠檬汁1大勺，盐、胡椒粉各少许

1. 红薯蒸熟后捣成泥，菠菜焯一下切碎。
2. 在红薯泥中掺入切碎的菠菜和蛋黄，加适量盐，做成圆饼，放入锅中煎至淡黄色。
3. 锅中倒入适量油，放入切好的香菇和洋松茸略炒，再加入调好的沙拉汁拌匀。
4. 如图所示，将蘑菇和红薯饼装盘即可。

红薯坚果沙拉　增强免疫力　*662kcal*

红薯中的槲皮素和坚果中的维生素 E 能够增强免疫力。

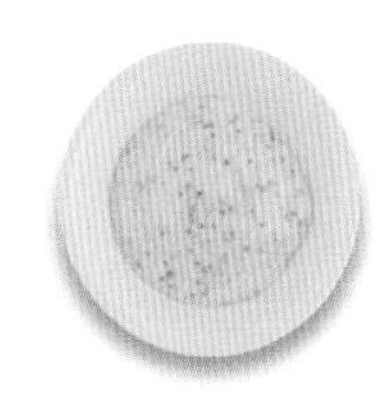

●原料　红薯 2 个，核桃、开心果、南瓜子、葡萄干各 1 大勺，法棍面包 2 块

●蛋黄酱芥末籽酱沙拉汁　蛋黄酱 5 大勺，芥末籽酱 1 大勺，糖 1 小勺

1. 红薯蒸熟去皮，趁热捣成泥，坚果炒一下之后压碎。
2. 将制作沙拉汁的原料拌匀制成沙拉汁，加入红薯泥中拌匀。
3. 在步骤 2 中加入碎坚果和葡萄干拌匀，如图所示，盛到面包上装盘。

17 奶酪

奶酪是一种将牛奶高度浓缩后的食品，蛋白质和脂肪的含量分别为20% ~ 30%，比肉类的蛋白质含量高，是非常好的蛋白质源。另外，奶酪中必须通过食物摄取的必需氨基酸的含量也很高，其消化吸收的速度比肉类更快，因为牛奶经过发酵后，其中的蛋白质分解为氨基酸，矿物质转化成了容易被人体吸收的形态。

100g 奶酪中钙的含量相当于牛奶的 4 倍，现代人的精神压力较大，一旦缺钙就容易患上骨质疏松、精神疾病。多吃一些奶酪就能预防上述症状。

但是奶酪中几乎没有维生素 C 和 B 族维生素，脂肪含量也比较高，这是它的缺点。弥补这一缺点的办法就是与水果蔬菜搭配食用。

适宜与奶酪搭配的沙拉汁原料

酸奶 有助于奶酪中钙的吸收。

柠檬汁 促进奶酪中钙的吸收。

加入酸奶、柠檬汁的沙拉汁

橄榄油柠檬沙拉汁 P182

酸奶咖喱沙拉汁 P188

酸奶罗勒沙拉汁 P188

剩下的奶酪怎么办?

剩下的奶酪可以搭配红酒享用，奶酪和红酒是最佳搭配。和奶酪一样，红酒也分很多种，一般来说，新鲜的奶酪搭配刚刚酿制的新鲜红酒，保存时间较长的奶酪搭配口味醇厚的红酒。酸味奶酪最好搭配有甜味的红酒，咸味奶酪最好搭配略带酸味的红酒。

其他健康食谱

奶酪圣女果派

制作方法

圣女果 2 个，马苏里拉奶酪 60g，罗勒叶 3 片，橄榄油 1 大勺，胡椒粉少许；★和面原料 面粉 1 杯，黄油 50g，鸡蛋黄 1 个，盐 1/3 小勺

将黄油切成小块，和盐一起加入面粉拌匀，再加入蛋黄和成面团，用保鲜膜包起来在冰箱中放 1 个小时。取出面团后，揪成若干个小面团放在模子里压平，然后放进 170℃的烤箱中烤 20 分钟后取出。圣女果切片，和罗勒叶、马苏里拉奶酪一起放在烤好的派上，加入适量橄榄油和胡椒粉，再放进 180℃的烤箱烤 40 分钟即可。

奶酪香菇沙拉　强化骨骼　*514kcal*

奶酪中含有丰富的钙，与富含维生素 D 的香菇一起食用能够提高钙的吸收率。

●原料　布利奶酪 100g，干香菇 5 朵，梨 1 个，圣女果 10 个，芥菜叶 10 张，食用油适量

●橄榄油罗勒沙拉汁　橄榄油 4 大勺，醋 2 大勺，盐、捣碎的大蒜各 1 小勺，罗勒叶 3 张

1. 奶酪切成方便食用的小块。
2. 干香菇用水泡发，切成适中的小块，蘸上面粉下锅炸至淡黄色，加入适量盐。
3. 圣女果切成圆片，芥菜叶和梨分别切成方便食用的小块。
4. 将罗勒切碎，与其他制作沙拉汁的原料混合在一起，准备好的所有原料装盘，淋上沙拉汁拌匀即可。

奶酪杏仁沙拉　缓解压力　*446kcal*

杏仁中的镁与奶酪中的钙是最佳搭配，能够有效缓解压力。

●原料　山羊奶酪 50g，杏仁 30g，猕猴桃、苹果各 2 个，橄榄油、罗勒各少许

●酸奶沙拉汁　酸奶、柠檬汁各 3 大勺，蜂蜜少许

1. 如图所示，山羊奶酪切成骰子大小的块，拌入罗勒和橄榄油，如果奶酪太咸，可以先在牛奶中泡一会儿。
2. 将猕猴桃和苹果切成方便食用的小块，杏仁粗粗磨碎即可。
3. 将制作沙拉汁的原料拌匀制成沙拉汁，准备好的原料装盘拌匀，淋上沙拉汁即可。

奶酪西红柿沙拉　预防骨质疏松　*437kcal*

西红柿中的有机酸能够促进奶酪中钙的吸收。

●原料　西红柿 2 个，马苏里拉奶酪 100g，罗勒叶少许

●橄榄油洋葱汁沙拉汁　橄榄油 5 大勺，洋葱汁 2 大勺，柠檬汁、醋各 1 大勺，盐 1 小勺，切碎的罗勒少许

1. 西红柿洗净切成圆片。
2. 奶酪切成和西红柿一样大小的圆片。
3. 将制作沙拉汁的原料拌匀制成沙拉汁，如图所示，将西红柿和奶酪装盘，淋上沙拉汁，点缀上罗勒叶即可。

18 豆类

豆类中蛋白质含量非常丰富，而且富含能够促进排便的膳食纤维，其中的B族维生素和维生素E能够使皮肤保持丰润细腻。另外，豆类还含有丰富的异黄酮和卵磷脂。其中，异黄酮与雌性激素的作用相似，能缓解骨质疏松、潮红等更年期症状。

卵磷脂是磷脂质的一种，是形成细胞膜的重要成分之一。它能降低血液中胆固醇的含量，还能减少甘油三酯。卵磷脂主要存在于动物的肝脏、骨骼和鸡蛋黄等食物中，是大脑活动必需的物质。因为卵磷脂能够激活脑细胞，增强大脑功能，所以有预防老年痴呆的作用。如果缺乏卵磷脂，大脑就会非常疲劳。

适宜与豆类搭配的沙拉汁原料

酸奶 帮助吸收豆类中的膳食纤维，缓解便秘。

橄榄油 促进卵磷脂的吸收。

加入酸奶、橄榄油的沙拉汁

橄榄油洋葱沙拉汁 P182
酸奶咖喱沙拉汁 P188
酸奶山葵沙拉汁 P188

剩下的豆子怎么办?

豆子生吃不易消化，容易腹泻，最好煮熟吃。剩下的豆子沥干水分后密封起来放在冰箱中冷冻保存，以后每次做饭时放一些，不仅容易消化，而且其中的营养能很好地被人体吸收。

其他健康食谱

糯米煎杂豆

制作方法

各色杂豆、糯米粉各1杯，人参1/2根，食用油适量；★调味汁 酱油2大勺，红辣椒、尖椒各1个，糖、葱花各1大勺，香油1小勺

豆子先在少量冷水中浸泡5个小时，人参切成丁。在3大勺糯米粉中加1/2杯水制成糯米糊。将泡好的豆子和切碎的人参混合在一起，依次裹上糯米粉、糯米糊、糯米粉，放入油锅炸熟。将制作调味汁的原料拌匀制成调味汁，淋在炸好的豆子和人参上，装盘拌匀即可。

杂豆沙拉　预防老年痴呆　　*444kcal*

豆类中丰富的卵磷脂能够刺激大脑活动，预防老年痴呆。

●原料　各种豆子（泡好的）1杯半，红甜菜叶3片，菠萝2块，薄荷叶少许

●橄榄油胡椒沙拉汁 橄榄油4大勺，醋、柠檬汁各1大勺，盐1小勺，胡椒粉少许

1. 豆子泡好后放入锅中加适量盐煮熟。煮好后捞出豆子沥干水分。
2. 将制作沙拉汁的原料拌匀制成沙拉汁，趁热倒入豆子中拌匀。
3. 将菠萝切成与豆子大小相仿的块。
4. 盘中铺上甜菜叶，步骤2中的豆子晾凉后，与步骤3中的菠萝拌匀装盘即可。

黑豆酸奶沙拉　保持皮肤健康　335kcal

酸奶有清理肠道的作用，豆子中的膳食纤维能够保持皮肤健康。

●原料　黑豆(干)1/2杯，芹菜2根，土豆1个，核桃仁5粒

●酸奶蛋黄酱沙拉汁　酸奶1/2杯，蛋黄酱、蜂蜜各1大勺，胡椒粉、盐各少许

1. 黑豆在冷水中浸泡6小时，放入锅中煮熟。
2. 将芹菜的老丝剥去，剩下比较嫩的部分，土豆煮熟，切成与豆子大小相仿的丁。
3. 核桃仁在锅中略炒后磨碎。
4. 将制作沙拉汁的原料拌匀制成沙拉汁，准备好的原料拌匀装盘，淋上沙拉汁即可。

清曲酱蔬菜沙拉　减肥　　*206kcal*

清曲酱中的维生素 B_2 能促进脂肪的分解，膳食纤维有助于减肥。

●原料　清曲酱 100g，菊苣 40g，紫苏叶 15 片，茼蒿 30g，红辣椒 1/2 个

●酱油醋沙拉汁　酱油 2 大勺，醋 2 大勺，糖、蜂蜜各 1 大勺，蒜末 2 小勺，辣椒粉 1 小勺

1. 菊苣、紫苏叶、茼蒿切成方便食用的小块，红辣椒磨碎。
2. 将制作沙拉汁的原料拌匀制成沙拉汁。
3. 所有原料装盘，浇上清曲酱，再淋上沙拉汁即可。

19 豆腐

如果生吃豆子，其营养成分的吸收率只有70%，但做成豆腐就可以提高到95%。豆腐热量低,富含优质蛋白质,其中的脂肪能够降低血液中的胆固醇,从而预防冠状动脉疾病和脑中风。

豆腐是很适合更年期女性的食品。女性一旦进入更年期，由于卵巢功能退化，雌性激素的分泌就会慢慢减少，出现不同程度的更年期症状。豆腐中含有与雌性激素作用相似的异黄酮，能够缓解更年期的各种症状，还能预防乳腺癌。

豆腐中的镁具有镇静神经的作用，一旦压力过大，人体内的钙和镁就会随小便流失,变得躁动不安。吃一些富含镁的豆腐,可以起到安定身心的作用。

适宜与豆腐搭配的沙拉汁原料

橘子 橘子含有丰富的有机酸，能够促进豆腐中钙的吸收，强健骨骼。

柠檬汁 增进食欲，刺激胃液分泌，有助于蛋白质的消化吸收。

加入橘子、柠檬汁的沙拉汁

酸奶柠檬沙拉汁 P188

蛋黄酱橘子沙拉汁 P187

剩下的豆腐怎么办?

孩子夜里突然发烧时，家长经常手足无措，此时可以采用豆腐疗法。将豆腐用流水洗净后磨碎，掺入适量面粉，包在防水布中敷在孩子的额头上。这是一种应急措施，利用豆子解毒的特性起到退烧的作用。

其他健康食谱

豆腐泡菜

制作方法

豆腐1块，尖椒5个，红辣椒1个，白菜泡菜1/2棵,苏子油1大勺,糖1小勺,芝麻、盐各少许

豆腐切块，在盐水中焯一下。辣椒、泡菜切碎，在锅中涂上苏子油，将泡菜炒一下，加少许糖后关火，再放入辣椒和芝麻拌匀。如图所示，将豆腐和泡菜码放在盘中即可。

嫩豆腐杏仁沙拉　安神　*366kcal*

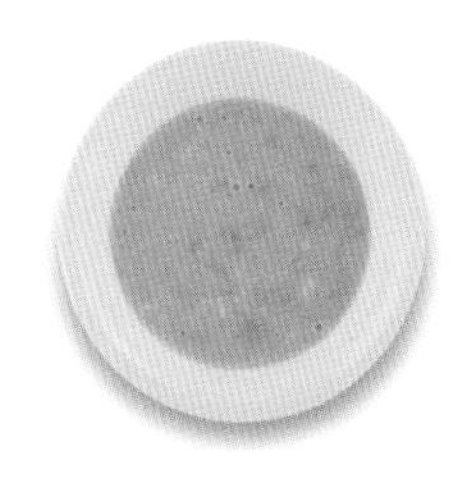

豆腐和杏仁中含有丰富的镁和钙，能够起到安神的作用。

●原料　嫩豆腐 1 块，生菜 1/4 棵，红、黄甜椒各 1/2 个，磨碎的杏仁 2 大勺，切碎的罗勒、盐各少许

●蛋黄酱大酱沙拉汁 蛋黄酱 3 大勺，大酱、柠檬汁、蜂蜜各 1 大勺，淡芥末 1 小勺，生姜末少许

1. 嫩豆腐切块，加罗勒和盐拌匀，蔬菜切成方便食用的小块。
2. 将制作沙拉汁的原料拌匀制成沙拉汁。
3. 蔬菜铺在盘子里，放上豆腐，最后撒上杏仁和沙拉汁即可。

豆腐橙子沙拉　强健骨骼　*460kcal*

豆腐富含钙，橙子富含有机酸，两者搭配能促进营养物质吸收。

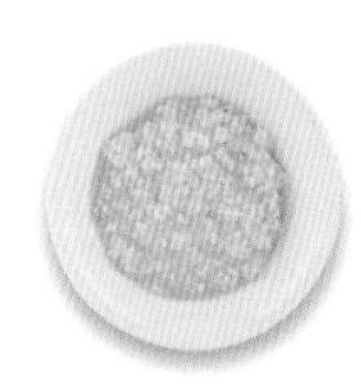

●**原料** 豆腐1/2块，橙子2个，黄瓜1/2根，生菜1/8棵，花生2大勺，甜菜、面粉、橄榄油、盐、胡椒粉各少许

●**豆腐沙拉汁** 豆腐1/2块，豆浆1/2杯，橄榄油、醋各2大勺，糖1大勺，盐1小勺

1. 豆腐切成大块，加入盐和胡椒粉拌匀，裹上面粉在锅中煎至淡黄色盛出，切成方便食用的小块。
2. 黄瓜和甜菜切成薄片，生菜撕成片，橙子掰成瓣，花生磨碎。
3. 将制作沙拉汁的原料放进搅拌机中打碎拌匀，放入冰箱冷却一下，所有准备好的原料装盘，淋上沙拉汁拌匀即可。

豆腐金枪鱼沙拉　预防老年痴呆　*343kcal*

豆腐中的卵磷脂和金枪鱼中的 DHA 可预防老年痴呆。

●原料　豆腐 1/2 块，金枪鱼（罐头）100g，黑橄榄 5 颗，洋葱末 3 大勺，水瓜柳（罐装）、神仙草叶、盐各少许

●蛋黄酱柠檬沙拉汁　蛋黄酱 3 大勺，柠檬汁 1 大勺，盐、胡椒粉各少许

1. 豆腐切片，沥干水分，用适量盐腌一下；滤掉金枪鱼的油脂，橄榄切成圆片。神仙草叶洗净，捞出水瓜柳沥干水分。
2. 将制作沙拉汁的原料拌匀制成沙拉汁，金枪鱼、橄榄、碎洋葱、水瓜柳搅拌到一起。
3. 如图，神仙草叶放在豆腐上，再放步骤 2 中搅拌好的原料即可。

20 玉米

玉米的主要成分是糖分，大部分是淀粉。玉米的不同部位营养成分也不同。玉米粒的外皮含有丰富的蛋白质，芽眼中含有优质的不饱和脂肪酸和丰富的维生素 E，能够预防成人病，防止衰老。另外，玉米还含有神经组织必需的卵磷脂。玉米的黄色源于叶黄素和玉米黄质，它们能保护眼睛。玉米含有丰富的水溶性膳食纤维，这种纤维在肠道内易溶解，体积变大，有助于排便，还能阻碍营养物质的吸收，有减肥效果。

但是玉米中新陈代谢所必需的烟酸和色氨酸的含量不足，最好和能够弥补这一缺陷的食物一起食用。富含烟酸的食物有猪肉、鸡胸肉、鲣鱼，鲭鱼、花生等。富含色氨酸的食物有奶酪、柠檬、牛奶、豆腐、鸡蛋黄等。

适宜与玉米搭配的沙拉汁原料

奶酪 奶酪富含玉米所缺少的烟酸，能够保持营养均衡。

蛋黄酱 蛋黄富含玉米所缺少的色氨酸，能够保持营养均衡。

加入奶酪、蛋黄酱的沙拉汁

蛋黄酱蜂蜜沙拉汁 P186
蛋黄酱迷迭香沙拉汁 P187
蛋黄酱奶酪沙拉汁 P186

剩下的玉米怎么办?

剩下的玉米可以和冰箱中的其他蔬菜一起煎成饼吃。把蔬菜切成玉米粒大小，加入适量面粉和鸡蛋调成面糊，煎成薄饼。这种薄饼香脆可口，玉米中的维生素 E 也能得到更有效的吸收。

其他健康食谱

玉米蟹肉羹

制作方法

玉米（罐装）2/3 杯，冷冻蟹肉 100g，鸡汤 3 杯，鸡蛋黄 1 个，水淀粉 2 大勺，香油 1 小勺，盐 1/2 小勺，茼蒿少许

将玉米粒、蟹肉捣碎。鸡汤煮开，放入玉米和蟹肉同煮。开锅后加适量盐和水淀粉使汤汁浓稠一些，再放入鸡蛋黄搅拌均匀后关火。最后加入香油，撒上茼蒿即可。

玉米鸡肉沙拉　保护视力　*478kcal*

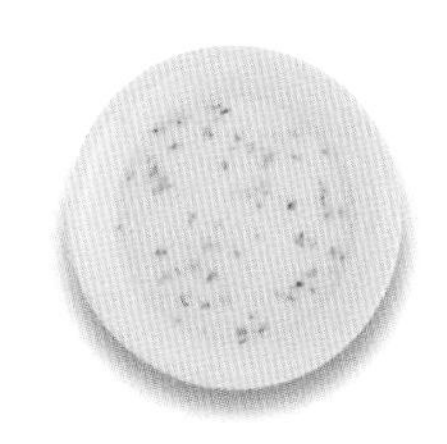

玉米中的叶黄素和玉米黄质能够保护视力。

●原料　玉米（罐装）2 杯，鸡胸肉 2 块，紫洋葱 1/2 个，芹菜 1 根

●腌制鸡肉的酱料　红葡萄酒 1 大勺，大蒜 1 瓣，盐少许

●蛋黄酱葡萄酒沙拉汁　柠檬汁 3 大勺，蛋黄酱、奶酪、白葡萄酒各 2 大勺，欧芹粉 1 小勺，盐少许

1. 鸡肉用酱料腌一下，放在锅中煎熟，然后切碎。
2. 将玉米从罐头中捞出沥干水分，紫洋葱和芹菜切碎。
3. 将制作沙拉汁的原料拌匀制成沙拉汁，准备好的原料淋上沙拉汁拌匀即可。

玉米西蓝花沙拉　减肥　*250kcal*

玉米和西蓝花中的膳食纤维有助于减肥。

●**原料** 玉米(罐装)2杯，西蓝花1朵，鹌鹑蛋10个

●**酸奶蜂蜜沙拉汁** 酸奶8大勺，蜂蜜、醋各1大勺，盐少许

1. 将玉米从罐头中捞出沥干水分。
2. 西蓝花掰成小朵，放在盐水中焯一下。
3. 鹌鹑蛋煮熟后剥皮。
4. 将制作沙拉汁的原料拌匀制成沙拉汁，准备好的原料混合在一起，淋上沙拉汁拌匀即可。

玉米红薯沙拉　缓解压力　*458kcal*

玉米和红薯具有安神作用，能够缓解压力。

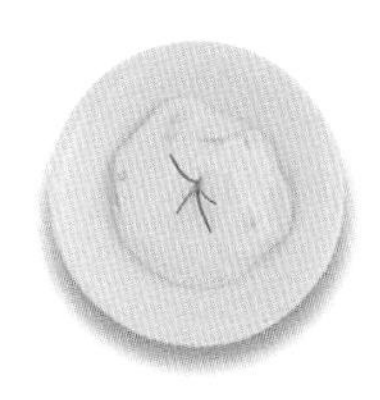

●原料　玉米（罐装）1杯，红薯2个，圣女果3个，香草少许

●蛋黄酱迷迭香沙拉汁　蛋黄酱6大勺，柠檬汁1大勺，迷迭香少许

1. 将玉米从罐头中捞出来沥干水分，红薯蒸熟后切成两半，把中间挖空。
2. 将圣女果四等分。
3. 将制作沙拉汁的原料拌匀制成沙拉汁，把圣女果、玉米粒和挖出来的红薯肉混合在一起，淋上沙拉汁拌匀。
4. 把沙拉放入挖空的红薯中即可。

21 坚果类

坚果含有丰富的优质不饱和脂肪酸，能起到清洁血液和降血压的作用。坚果中的脂肪能够降低人体中胆固醇的含量，并能清除血管中积存的脂肪，使血液循环畅通，因此，多吃坚果能够预防各种血管疾病。另外，坚果中富含维持大脑正常功能的必需脂肪酸“亚麻酸”,对于增强记忆力有很好的功效。

坚果是美容护肤必不可少的食品，含有丰富的维生素E，能够防止皮肤水分丢失，并能使皮肤黏膜组织再生，保持皮肤的弹性。

有实验表明，当大气污染物进入人体后，自我保护机制首先会从肺部动用维生素E来保护身体，因此摄入充分维生素E的人很少发生肺部疾患。

适宜与坚果搭配的沙拉汁原料

柠檬 柠檬中的维生素C可以提高坚果中维生素E的吸收率。

加入柠檬的沙拉汁

橄榄油大蒜沙拉汁 P182
蛋黄酱柠檬沙拉汁 P186
酸奶沙拉汁 P188

剩下的坚果怎么办?

用苹果或草莓等水果做果酱的时候，将剩下的坚果碾碎，撒在果酱上，不仅能让果酱的味道更好，还能在把果酱抹在面包上吃的时候，同时吃到坚果。

其他健康食谱

琥珀桃仁

制作方法

核桃仁200g，糖80g，蜂蜜1大勺，水2/3杯，橄榄油适量，香草少许

核桃仁掰成两半，用开水焯1分钟后捞出。锅中放入水、核桃仁和糖慢慢熬制，变黏稠时加入蜂蜜，当锅里的水剩下约3大勺时滤出核桃仁。将油烧热至150℃左右，把核桃仁倒入锅中炸至淡黄色后捞出。晾凉后撒上糖，再装饰一片香草叶即可。

南瓜子鲑鱼沙拉　保持年轻　*462kcal*

坚果中的维生素 E 有助于消除活性氧，保护正常细胞，防止皮肤老化，保持年轻。

●原料　鲑鱼肉 150g，南瓜子、面包糠各 3 大勺，面粉 1 大勺，鸡蛋 1 个，生菜 1/4 棵，红甜菜叶 10 片，柚子蜜饯少许，盐、胡椒粉各少许

●橘子柚子蜜饯沙拉汁　橘子 1 个，柚子蜜饯、醋、香油各 2 大勺，酱油 1/2 大勺，姜汁少许

1. 将鲑鱼肉切块，撒上盐和胡椒粉拌匀腌一下，然后裹上面粉、蛋液、面包糠煎熟。
2. 南瓜子在锅中炒香后晾凉，生菜和红甜菜叶切成方便食用的小块，柚子蜜饯切成薄片。
3. 橘子榨汁，和其他制作沙拉汁的调料混合制成沙拉汁。
4. 如图所示，将鲑鱼肉和其他原料装盘，淋上沙拉汁拌匀即可。

坚果南瓜沙拉　保护肺　*536kcal*

坚果富含维生素 E，南瓜富含 β-胡萝卜素，能够保护肺。

●原料　杏仁 1/3 杯，甜南瓜 1/2 个，开心果 2 大勺，南瓜子、松子各 1 大勺

●蛋黄酱咖喱沙拉汁　蛋黄酱 5 大勺，柠檬汁 2 大勺，蜂蜜 1 大勺，咖喱粉 1 小勺

1. 杏仁在锅中炒香、碾碎。
2. 南瓜去籽，蒸熟，趁热将南瓜肉碾成泥状。
3. 将制作沙拉汁的原料拌匀制成沙拉汁，南瓜肉、坚果与沙拉汁拌匀装盘即可。

核桃糙米沙拉　防止少白头和脱发　589kcal

核桃中的维生素 H 能够预防头发的各种异常现象。

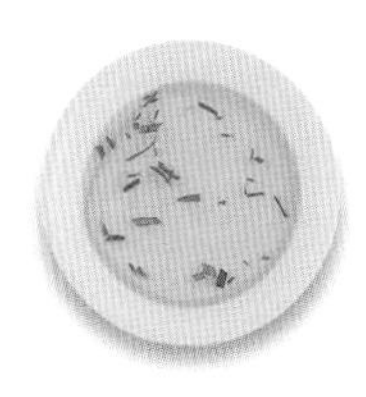

●原料　糙米 1 杯，黑米 1 大勺，核桃仁 1/2 杯，南瓜 1/4 个，洋葱 1/2 个，鸡胸肉 1/2 块，橄榄油、盐适量

●橄榄油迷迭香沙拉汁　橄榄油 4 大勺，醋 2 大勺，盐 1/4 小勺，迷迭香少许

1. 将沙拉汁的原料拌匀制成沙拉汁。
2. 糙米和黑米浸泡一夜、蒸熟，趁热拌入沙拉汁。
3. 鸡肉煎熟切碎，核桃仁碾碎。
4. 南瓜和洋葱切碎，放入锅中加适量盐炒熟。
5. 将准备好的所有原料与步骤 2 中的米饭拌匀，盛入碗中即可。

22 牛肉

蛋白质是人体血液和肌肉的重要组成部分，从食物中摄取的蛋白质通过消化吸收，为人体提供生存不可或缺的氨基酸。

优质蛋白质是生长发育所需的重要物质，缺乏蛋白质会造成生长缓慢、抵抗力下降、免疫力低下。生长激素和人体必需的许多激素都是由蛋白质构成的，牛肉富含优质蛋白质，多吃牛肉可以使激素分泌更加顺畅。而且牛肉还含有人体生长发育所必需的各种氨基酸，具有很高的营养价值。但牛肉中也含有很多有害的饱和脂肪酸。为保持脂肪摄入的平衡，牛肉可以和坚果等富含不饱和脂肪酸的食物一起食用。牛肉属酸性食物，可以和富含维生素的蔬菜水果等一起食用。

适宜与牛肉搭配的沙拉汁原料

柠檬汁 柠檬汁中的有机酸有助于蛋白质的消化吸收。

芥末 芥末的辣味能够增进食欲。

紫苏 紫苏中的不饱和脂肪酸能够弥补牛肉里饱和脂肪酸过多的缺点。

加入柠檬汁、芥末、紫苏的沙拉汁

人参柠檬沙拉汁 P189

紫苏粉酱油沙拉汁 P190

剩下的牛肉怎么办?

如果牛肉剩得不多，就不要冷冻，最好腌制后炒熟再放入冰箱冷藏，做炒饭或饭团时可以随时取用。这样不仅肉汁不会减少，味道也比解冻后的牛肉好。

其他健康食谱

牛肉萝卜汤

制作方法

牛肉、萝卜各200g，大葱1/2根，酱油适量；

★腌制牛肉和萝卜的酱料 葱末、蒜末各1小勺，胡椒粉、香油少许

牛肉用冷水浸泡去除血水后，和切好的萝卜块放入锅中，加入蒜末、葱段和胡椒粒同煮。煮熟散出香味时捞出，把牛肉切成方便食用的小块，萝卜切成块，放到准备好的酱料中腌制。肉汤过滤干净，加入少许酱油，将腌好的牛肉和萝卜再放进去同煮，加适量盐，最后放入葱花即可。

牛肉蔬菜沙拉　促进生长发育

541kcal

牛肉中的蛋白质和蔬菜中的维生素能够促进儿童生长发育。

●原料 牛肉200g，紫苏叶15片，生菜20片，洋葱1/2个，菊苣少许，香油1小勺

●腌肉酱料 水、酱油各2大勺，糖、蒜、清酒各1大勺，芝麻盐1小勺，胡椒粉少许

●酱油柠檬沙拉汁 酱油、醋、糖各2大勺，柠檬汁、香油各1大勺，芥末籽酱1/2勺

1. 牛肉切片，放在酱料中腌制。
2. 洋葱切丝，放在冷水中浸泡一下。把紫苏叶、生菜和菊苣剪成方便食用的小块，与洋葱混合，加香油拌匀。
3. 将制作沙拉的原料拌匀制成沙拉汁，把腌制好的牛肉烤熟。
4. 拌好的蔬菜和烤好的牛肉装盘，淋上沙拉汁即可。

牛肉水果沙拉　促进消化　*687kcal*

梨含有分解蛋白质的酶，和牛肉搭配食用，能够促进消化。

●原料　牛肉400g，梨、苹果各1/2个，栗子3颗，黄瓜1/4根，酱油适量

●芥末醋汁　淡芥末、醋各2大勺，糖1大勺，盐1/4小勺，酱油少许

1. 先用热水焯一下牛肉，去除血水，然后煮熟，用酱油腌制，装在塑料袋里放入冰箱冷却，取出后切成圆片。
2. 把梨和苹果四等分，切成均匀的四块，削皮，再切成较粗的条。
3. 栗子去皮切片，黄瓜同样切成较粗的条。
4. 用相应的原料制成芥末醋汁，与步骤1、2、3中准备好的牛肉、水果、蔬菜拌匀，装盘即可。

牛肉蘑菇沙拉　增强免疫力 *432kcal*

牛肉中的蛋白质和蘑菇能够提高免疫力。

●原料 牛肉、洋松茸各100g，香菇4朵，芦笋4根，大蒜2瓣，橄榄油、盐、胡椒粉适量

●酱油柚子沙拉汁 酱油、糖、苏子油各2大勺，柚子蜜饯1大勺，紫苏1小勺

1. 牛肉涂上盐和胡椒粉，用大火烤熟、切块，洋松茸洗净、切块。
2. 在平底锅中涂上适量油，放入蒜瓣、洋松茸，炒到微黄时加盐。
3. 芦笋放在盐水中焯一下，与松茸同炒。
4. 将柚子蜜饯切成漂亮的形状，用相应调料制成沙拉汁。
5. 将烤好的牛肉和炒好的洋松茸、芦笋装盘，淋上沙拉汁即可。

23 猪肉

猪肉富含人体生长发育所需的各种必需氨基酸。所谓必需氨基酸是指人体生长发育和保持健康不可缺少，但只能从食物中摄取的蛋白质。猪肉中的脂肪具有将肺中积聚的有害物质排出体外的功效。同时，猪肉能够提高铁在人体内的吸收率，从而有效预防贫血，而且猪肉中维生素 B_1 的含量也很高。近来，很多人因为担心患动脉硬化和心脏病而减少了猪肉的摄入，其实猪肉有很多优点，没必要刻意不吃猪肉。尤其是动物性脂肪摄入量较少的人，更应该吃一些猪肉。只是猪肉摄入过多容易使胆固醇升高，血液中多余的胆固醇会附着在血管壁上造成堵塞，因此最好和富含维生素 D、E 和卵磷脂的食物一起食用。

适宜与猪肉搭配的沙拉汁原料

柠檬汁 柠檬汁富含维生素 C，有助于人体对猪蹄中胶原蛋白的吸收。

紫苏 紫苏能够减少猪肉中的饱和脂肪酸被人体吸收。

加入柠檬汁、紫苏的沙拉汁

酱油柠檬沙拉汁 P185
紫苏粉酱油沙拉汁 P190

剩下的猪肉怎么办？

剩下的猪肉可以切成小块，做泡菜汤时放进去同煮。猪肉能够减弱泡菜的酸味，使泡菜汤的味道更加柔和。如果再加一点糖，味道更好。

其他健康食谱

烤猪肉

制作方法

猪肉 300g，韭菜 10g，大蒜 3 瓣；★猪肉酱料 大酱、清酒、水饴、糖各 1 大勺，清曲酱 1 小勺，芝麻盐、香油各 1/2 大勺

猪肉切成 1cm 厚的片，韭菜、大蒜切碎。大酱中加入清酒稀释后，放入切碎的韭菜、大蒜及猪肉酱料拌匀。调料浸透后，将猪肉放在烤肉架上烤熟，切成方便食用的小块即可。

猪肉菠萝沙拉 促进消化 *680kcal*

菠萝能够使猪肉中的蛋白质更好地消化吸收。

●原料 猪排骨500g，菠萝150g，洋葱1/8个，芥菜叶10张，红辣椒1/4个，盐、胡椒粉、橄榄油、黄油各少许

●烤肉酱料 辣椒酱、酱油、蜂蜜、香油各1大勺，蒜末各1小勺

●橄榄油菠萝沙拉汁 橄榄油、菠萝罐头汁、醋各1大勺，捣碎的红辣椒1个，干牛至少许

1. 猪排骨用热水焯一下，去除血水，加入盐、胡椒粉、橄榄油腌制后，放在烤箱中在160℃的温度下烤40分钟。
2. 烤熟的排骨上涂烤肉酱料，再放到烤箱中烤30分钟。
3. 菠萝去除硬心后切成圆片，在平底锅中涂上黄油，用慢火煎一下。洋葱切丝，其他蔬菜切成方便食用的小块。
4. 将以上3个步骤准备好的各种原料装盘，淋上沙拉汁即可。

猪蹄尖椒沙拉　保持皮肤弹性　*461kcal*

猪蹄中的胶原蛋白和尖椒中的维生素 C 能够恢复和保持皮肤弹性。

●原料　猪蹄 300g，尖椒 4 个，红辣椒 1 个，萝卜缨子 150g

●芥末柠檬沙拉汁　淡芥末、糖各 1 大勺，柠檬汁 2 大勺，酱油 1 小勺，盐少许

1. 猪蹄肉切片，红辣椒和尖椒对半切开去籽，再切片。
2. 萝卜缨子切成方便食用的小块。
3. 将制作沙拉汁的原料拌匀制成沙拉汁，淋在准备好的原料上，拌匀即可。

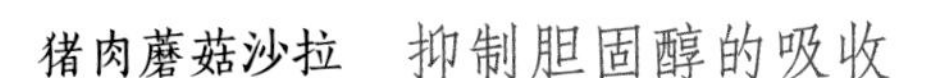

猪肉蘑菇沙拉　抑制胆固醇的吸收　*582kcal*

香菇能够抑制猪肉中胆固醇的吸收。

●原料　猪肉300g，香葱3根，各种蘑菇300g，橄榄油少许

●猪肉酱料　清酒1大勺，姜汁1小勺，盐少许

●芝麻酱油沙拉汁　生抽2大勺，紫苏粉、苏子油、糖、醋各1大勺，姜末1小勺

1. 猪肉切成大块，用酱料腌一下，锅中倒入适量橄榄油，将猪肉煎熟，切成方便食用的小块。
2. 香菇和洋松茸切成方便食用的小块，放入锅中快速翻炒。
3. 香葱切成大小适中的段，与蘑菇同炒；将制作沙拉汁的原料拌匀制成沙拉汁，备好的原料装盘，淋上沙拉汁拌匀即可。

24 鸡肉

鸡肉中含有丰富的优质蛋白质，对肌肉的形成、生长发育和保持皮肤弹性都有重要作用。和其他肉类相比，鸡肉的纤维更加细致柔软，而且富含维生素 B_6，易消化，非常适合病人、老人和儿童食用。

不同部位的鸡肉具有不同的特点。鸡胸肉最柔软，热量只有其他部位的一半，适合减肥的人食用。鸡翅是最有味道的部位，通常炸或烤着吃。鸡腿肉最多，脂肪含量也高。其中，做沙拉时用得最多的是鸡胸肉。

鸡肉中的脂肪主要集中在外皮部分，将鸡皮中的脂肪去掉，就能在减少热量的同时摄入优质蛋白质。

适宜与鸡肉搭配的沙拉汁原料

醋 醋中的有机酸有助于蛋白质的消化。

草莓 草莓中的维生素 C 能够帮助人体吸收鸡翅中的胶原蛋白。

橄榄油 能够降低鸡肉中饱和脂肪酸的吸收率。

加入醋、草莓、橄榄油的沙拉汁

橄榄油大蒜沙拉汁 P182

酱油醋沙拉汁 P184

草莓沙拉汁 P189

剩下的鸡肉怎么办?

剩下的鸡骨头不要扔掉，可以攒起来放入冰箱冷冻，积累到一定数量后，做成鸡骨汤。在锅中倒入适量水，放入鸡骨头、洋葱、芹菜、大蒜等一起煮熟即可。

其他健康食谱

炒鸡柳

制作方法

鸡肉 200g，卷心菜 1/8 棵，洋葱 1/2 个，紫苏叶 10 片，红辣椒、尖椒各 1 个；★鸡肉调料 辣椒酱、苹果泥各 2 大勺，辣椒粉、葱花、蒜末、酒、蜂蜜各 1 大勺，酱油 1/2 大勺，芝麻、咖喱粉各 1 小勺

鸡肉和各种蔬菜切成方便食用的小块。把鸡肉调料倒在鸡肉上拌匀。锅中倒入适量油，放入洋葱炒一下，再倒入腌好的鸡肉同炒，快熟时放入蔬菜一起炒熟后装盘即可。

鸡胸肉甜椒沙拉　强筋壮骨　*475kcal*

鸡肉中的优质蛋白质和甜椒中的维生素 C 能够强筋壮骨。

●原料　鸡胸肉 2 块，迷你青、红、黄甜椒各 2 个，生菜叶 3 片，芥菜叶 5 张，菊苣少许

●鸡肉调料　清酒 1 大勺，大蒜 1 瓣，盐、胡椒粉各少许

●酱油尖椒沙拉汁　酱油 4 大勺，醋、香油各 2 大勺，糖、蒜末、切碎的尖椒各 1 大勺，姜汁 1 小勺

1. 鸡胸肉先腌一下，蒸熟后撕成条。
2. 迷你甜椒切成圈，菊苣、生菜、芥菜叶切成方便食用的小块。
3. 将制作沙拉汁的原料拌匀制成沙拉汁，准备好的所有原料装盘，淋上沙拉汁拌匀即可。

翅根蔬菜沙拉　防止皮肤老化　　759kcal

鸡肉中的胶原蛋白和蔬菜中的维生素 C 能够预防皮肤老化。

●原料　翅根 10 个，蔬菜叶 7 片，洋葱 1/2 个

●鸡翅酱料　料酒 5 大勺，酱油 3 大勺，糖 1 大勺，水 1/2 杯，姜汁 1 小勺

●草莓沙拉汁　草莓 3 颗，碎洋葱、醋各 1 大勺，糖 1 小勺，盐少许

1. 翅根在盐水中焯一下，锅中倒入鸡翅酱料，放入翅根炖熟。
2. 洋葱切成圈，放在冷水中浸泡一下去除辣味，蔬菜切成方便食用的小块。
3. 将制作沙拉汁的原料放在搅拌机中打碎，制成沙拉汁。
4. 如图，将炖好的翅根和蔬菜装盘，淋上沙拉汁即可。

鸡胸肉玉米沙拉　减肥　*462kcal*

玉米富含膳食纤维，具有减肥功效。

●原料　鸡胸肉2块，玉米（罐装）1杯，青、红甜椒各1/2个

●鸡肉调料　清酒1大勺，大蒜1瓣，盐、胡椒粉、牛至各少许

●橄榄油白糖沙拉汁　橄榄油3大勺，醋、柠檬汁、白糖各1大勺，盐、干牛至少许

1. 鸡胸肉放入酱料中腌一下，在锅中煎至淡黄色，切成大小适中的块。
2. 玉米粒滤干水分，把青、红甜椒切成小块。
3. 将制作沙拉汁的原料拌匀制成沙拉汁，准备好的所有原料装盘，淋上沙拉汁拌匀即可。

25　裙带菜、海带

裙带菜和海带富含膳食纤维和矿物质，其中的膳食纤维主要为褐藻酸，褐藻酸在胃里通过胃酸的作用会释放出少量钙，到小肠中又与钠结合后排出体外，排出体内多余的钠能够起到降血压的作用。褐藻酸除了降血压外，还能刺激肠道黏膜，促进消化和大肠蠕动，帮助排便。

海带能够降低血液中胆固醇的浓度，含有防止血栓形成的成分，促进血液循环。其中的黏液物质还能吸附重金属并排出体外，起到清理体内毒素的作用。

和鱼、牛奶相比，裙带菜含有更多的钙，而且裙带菜中的钙更易消化吸收，对预防骨质疏松有一定效果，不仅适合生长发育期的青少年，还适合更年期女性。

适宜与裙带菜、海带搭配的沙拉汁原料

醋 醋中的有机酸能够增加海带中钙的吸收率。

大蒜 增强裙带菜中褐藻酸排出重金属的作用。

加入醋、大蒜的沙拉汁

酱油姜末沙拉汁 P184
酱油醋沙拉汁 P184
酱油大蒜沙拉汁 P184

剩下的海带怎么办?

剩下的海带可以和黄瓜、醋一起做成爽口的凉汤。黄瓜能够去除内热，醋的酸味能够消除疲劳。

其他健康食谱

炸裙带菜

制作方法

干裙带菜 50g，食用油 5 大勺，糖 2 大勺，水饴 1 大勺，芝麻 1 小勺

选择裙带菜中干净的部分，切成 5cm 长的段。锅中倒入适量油，在 190℃的高温下炸裙带菜，然后将油倒出，裙带菜盛在盘子中备用。锅中倒入水饴和白糖，溶化后再放入炸好的裙带菜拌匀，出锅盛入碗中，趁热撒上芝麻即可。

海带豆芽沙拉　预防肌无力症　*118kcal*

海带中的钙含量高，豆芽富含维生素 C，能够使人体充满活力。

●原料　海带 40cm 长，豆芽 200g，黄瓜 1 根，大枣 3 颗，萝卜 100g

●微辣的芥末沙拉汁　醋 2 大勺，辣椒粉、淡芥末、糖各 1 大勺，蒜末 2 小勺，盐 1 小勺，姜汁少许

1. 将海带泡在水中去除咸味，剪成丝。
2. 豆芽掐头去尾，在盐水中焯一下。
3. 黄瓜和萝卜切丝，大枣去核切丝。
4. 将制作沙拉汁的原料拌匀制成沙拉汁，准备好的原料装盘，淋上沙拉汁拌匀即可。

裙带菜嫩豆腐沙拉　减肥　*198kcal*

裙带菜和豆腐搭配本身就是一道低热量、高营养的美食。

● 原料　裙带菜 200g，嫩豆腐 1 块，圣女果 10 个

● 酱油姜丝沙拉汁　酱油、醋各 3 大勺，姜丝、糖、辣椒油各 1 大勺

1. 裙带菜洗净后放入开水中焯一下，捞出切成小片。
2. 嫩豆腐沥干水分后切块，圣女果切块。
3. 将制作沙拉汁的原料拌匀制成沙拉汁，准备好的原料装盘，淋上沙拉汁拌匀即可。

裙带菜海螺沙拉　预防骨质疏松　*188kcal*

裙带菜和海螺一起食用能够促进钙的吸收。

●**原料**　裙带菜 40g，野生海螺 4 个，黄瓜 1 根

●**酱油姜丝沙拉汁**　酱油 3 大勺，醋 2 大勺，糖 1 大勺，蒜末 1/2 大勺，姜丝 1 大勺

1. 裙带菜在热水中焯一下。
2. 将海螺煮熟，取出螺肉切片。
3. 黄瓜切成圆片，撒上盐拌一下。
4. 将制作沙拉汁的原料拌匀制成沙拉汁，准备好的所有原料装盘，淋上沙拉汁即可。

26 贝类

青蛤、蛤蜊、海螺、鲍鱼、牡蛎等贝类含有丰富的必需氨基酸和牛磺酸，美味可口，常用于各种汤中。

贝类脂肪含量低，蛋白质含量高，矿物质丰富，尤其是血液所需的铜、铁等成分含量高，可增强人体的造血功能。贝类不仅营养价值高，而且热量低，适宜肥胖人群食用。蛤仔含有丰富的牛磺酸，对肝脏具有解毒作用，能够醒酒。蛋氨酸等必需氨基酸和组氨酸等成分能够保护肝脏。

牡蛎被誉为“海洋中的牛奶”，含有丰富的蛋白质、钙质和多种维生素。尤其是维生素 E 的含量很高，能够预防不孕，改善生殖功能，对皮肤也有好处。

贝类煮得太久就会萎缩变韧，如果不是煲汤，最好用大火短时间烹熟。

适宜与贝类搭配的沙拉汁原料

柠檬 柠檬中的有机酸有助于蛋白质消化吸收。

酸梅汁 酸梅汁能够防止贝类变质。

加入柠檬、酸梅汁的沙拉汁

酱油柠檬沙拉汁 P185

微辣的鱼酱汁沙拉汁 P185

剩下的贝类怎么办?

剩下的贝类可以在做酱汤或豆腐汤时放进去，会使汤的味道更加鲜美。贝壳中含有牛磺酸，所以不要只放贝肉，连壳一起煮味道更好。汤中再加一些海带，就更可口了。

其他健康食谱

贝肉蔬菜酱

制作方法

紫石房蛤 1 只，大酱 3 大勺，辣椒酱 1/2 大勺，红辣椒、尖椒各 1 大勺，水芹 30g，紫苏叶 2 片，香菇 1 朵，食用油适量

撬开贝壳，取出贝肉，去除内脏，将贝肉、蔬菜切碎。锅中倒入少量食用油，放入贝肉、香菇快速翻炒，再放入大酱和辣椒酱，煮开后放入水芹、辣椒和紫苏叶，开锅后关火。把贝壳放入开水中煮约 10 分钟。将煮好的贝壳擦干，把前面做好的贝肉蔬菜酱盛到贝壳中，食用时放在火上烤热即可。

红蛤菠萝沙拉　保持皮肤弹性　*487kcal*

红蛤和甜椒能够促进胶原蛋白的吸收，保持皮肤弹性。

●原料　红蛤 12 只，米线 200g，青、红甜椒各 1/2 个，橄榄 5 个

●橄榄油辣味番茄酱沙拉汁　橄榄油、辣味番茄酱各 3 大勺，醋 2 大勺，糖 1 大勺，盐少许

1. 红蛤带壳洗净放入锅中，倒入足够的水没过红蛤，水开后关火取出红蛤肉，甜椒切丝炒一下。
2. 米线在冷水中泡开，放在热水中煮熟捞出沥干水分。
3. 将制作沙拉汁的原料拌匀制成沙拉汁。
4. 准备好的所有原料盛到碗中，淋上沙拉汁拌匀即可。

牡蛎蔬菜沙拉　提神醒脑　*322kcal*

牡蛎含有丰富的锌，和蔬菜搭配食用能够为机体注入活力。

● 原料　牡蛎20个，芥菜叶10张，面包糠5大勺，面粉1大勺，鸡蛋1个，切碎的欧芹、盐、胡椒粉各少许，橄榄油适量

● 西红柿橄榄油沙拉汁　切碎的西红柿、橄榄油各2大勺，柠檬汁1大勺，切碎的罗勒1小勺

1. 牡蛎用盐、胡椒粉腌一下，依次裹上面粉、鸡蛋、切碎的欧芹、面包糠后放入锅中炸熟。
2. 芥菜叶洗净后切成方便食用的小块。
3. 将沙拉汁的原料拌匀制成沙拉汁，准备好的原料装盘，淋上沙拉汁拌匀即可。

青蛤橙子沙拉　预防贫血　　292kcal

青蛤富含铁，橙子的维生素 C 能提高铁的吸收率，预防贫血。

● 原料　青蛤 400g，橙子 2 个，萝卜芽 10g，雪里红 100g，清酒 1 大勺

● 鱼酱沙拉汁　鱼酱汁、糖各 2 大勺，酱油、酸梅汁、蒜末、苏子油各 1 大勺，辣椒粉 1 小勺

1. 青蛤洗净并吐净泥沙，锅中倒入 1 杯水和 1 大勺清酒，盖上锅盖煮至青蛤的壳张开。
2. 橙子和雪里红切成方便食用的小块，萝卜芽洗净。
3. 将制作沙拉汁的原料拌匀制成沙拉汁，准备好的所有原料装盘，淋上沙拉汁拌匀即可。

27 鱼类

鱼中的 DHA 是一种不饱和脂肪酸，对人的大脑和神经系统十分重要。人体自身无法合成 DHA，只能从食物中摄取。DHA 能够改善大脑功能，促进大脑活动，主要存在于深海鱼和贝类中。

鱼类含有丰富的 ω-3 脂肪酸，不仅能减少患冠状动脉疾病的风险，还能增加好胆固醇的含量，降血压，稳定心率，预防心脏麻痹。它还有抗凝血功效，具有预防脑中风的作用。鲑鱼、鳟鱼、沙丁鱼是富含 ω-3 脂肪酸的代表食物。

ω-3 在人体内发挥上述作用需要 4 个月左右，一周最好吃 2 ~ 3 次鱼。

与鱼类搭配的沙拉汁原料

菠萝 菠萝含有分解蛋白质的酶，能促进消化。

猕猴桃 有助于鱼类的消化吸收。

加入菠萝、猕猴桃的沙拉汁

蛋黄酱菠萝汁沙拉汁 P187

猕猴桃沙拉汁 P189

剩下的鱼类怎么办？

剩下的金枪鱼或鲑鱼可以和其他蔬菜一起做成盖浇饭。在蔬菜上点一滴香油能够去除蔬菜的草腥味，使之与鱼和米饭的味道更加和谐。

其他健康食谱

干烧黄花鱼

制作方法

黄花鱼 2 条，茼蒿 2 根，大葱少许；★黄花鱼酱料 水 1/2 杯，酱油、粗辣椒粉、酱油、糖、香油、蒜末各 1 大勺，姜末 1 小勺，胡椒粉少许

黄花鱼去鳞，剪掉鱼鳍，掏出鱼鳃和内脏，在鱼身上划几刀。大葱切成丝泡在水中。黄花鱼放入锅中，把黄花鱼酱料倒在鱼上，盖上锅盖焖制。焖熟后装盘，撒上葱丝和茼蒿即可。

金枪鱼西蓝花沙拉　净化皮肤　*322kcal*

金枪鱼中的蛋白质和不饱和脂肪酸与西蓝花中的维生素C相互作用能够使皮肤白皙有光泽。

●原料　金枪鱼100g，西蓝花1/2朵，生菜1/4棵，红甜菜叶少许

●花生沙拉汁　花生、醋各3大勺，菠萝罐头汁2大勺，松子、糖、香油各1大勺，芥末酱2小勺，盐、白胡椒粉各少许

1. 金枪鱼切块。
2. 西蓝花掰成小朵，用盐水焯一下，生菜和红甜菜叶切成方便食用的小块。
3. 花生和松子磨碎，与其他制作沙拉汁的调料放入搅拌机搅拌。
4. 准备好的原料装盘，淋上沙拉汁拌匀即可。

鲑鱼萝卜芽沙拉　强化血管　*235kcal*

鲑鱼中的 ω-3 脂肪酸和萝卜芽中的芦丁能够强化血管。

●原料　冷冻熏制鲑鱼 200g，萝卜芽 50g，红辣椒 1/2 个，胡椒粉、葡萄酒各少许

●酸奶山葵沙拉汁　酸奶 5 大勺，柠檬汁 2 大勺，蜂蜜 1 大勺，山葵 1 小勺，胡椒粉、盐各少许

1. 鲑鱼解冻，撒上一些胡椒粉和葡萄酒。
2. 萝卜芽洗净后沥干水分，红辣椒切半去籽后切丝。
3. 将制作沙拉汁的原料拌匀制成沙拉汁。
4. 如图，用鲑鱼将红辣椒和萝卜芽包起来。
5. 碗中倒入沙拉汁，再放入卷好的鲑鱼卷即可。

金枪鱼洋葱沙拉　提高大脑活性　*313kcal*

金枪鱼中的 DHA 能够改善大脑功能。

●原料　洋葱 1/2 个，金枪鱼罐头 1 个，生菜 20 片，橄榄 5 个，水瓜柳 1 大勺

●金枪鱼酱料　柠檬汁 1 大勺，胡椒粉少许

●橄榄油牛至沙拉汁　橄榄油 2 大勺，醋、糖 1 大勺，柠檬汁 1/2 大勺，盐、胡椒粉、牛至各少许

1. 金枪鱼滤掉油后用柠檬汁和胡椒粉腌一下。
2. 洋葱切丝，在冷水中浸泡一下去除辣味，然后捞出滤干水分。
3. 生菜切成方便食用的小块，橄榄切成圆片；将制作沙拉汁的原料拌匀制成沙拉汁，准备好的原料装盘，淋上沙拉汁拌匀即可。

28 鱿鱼

中医认为，鱿鱼对肝脏和心脏有益，补血补气，对气血不足引起的闭经和子宫出血等有很好的效果。鱿鱼还能强健心脏，去除内热，滋补元气。

鱿鱼中的代表成分是“牛磺酸”,干鱿鱼表面的白色粉末就是这种蛋白质。牛磺酸有助于肝细胞再生，具有缓解疲劳的功效，还能降低血液中的胆固醇值，使血压恢复正常，促进血液循环。该成分还能增加从心脏流出的血流量，提高心肌的收缩能力，所以鱿鱼也被用作治疗心力衰竭的药物。牛磺酸能促进脑细胞的发育，鱿鱼富含牛磺酸，因此是一种健脑食物。除了牛磺酸，鱿鱼还含有丰富的蛋白质，而蛋白质是形成脑细胞的基础。不过鱿鱼是强酸性食物，肠胃不好的人最好搭配蔬菜一起食用。

适宜与鱿鱼搭配的沙拉汁原料

尖椒 尖椒的辣味能够增进食欲。

柠檬汁 柠檬汁中的有机酸能够促进鱿鱼中蛋白质的吸收。

加入尖椒、柠檬汁的沙拉汁

海鲜沙司柠檬汁沙拉汁 P184
酱油香油沙拉汁 P184
酱油柠檬沙拉汁 P185

剩下的鱿鱼怎么办?

剩下的干鱿鱼可以先放在冷冻室中保存起来，需要时拿出来在糖水中泡一下，捞出来放进塑料袋中再泡发，这样可以保持鱿鱼的鲜味。鱿鱼泡软后，裹上面粉和鸡蛋煎成鱿鱼饼，口感鲜香柔韧，别有一番风味。

其他健康食谱

萝卜炖鱿鱼

制作方法

鱿鱼 1 只,萝卜 300g；★酱汁 酱油 3 大勺，料酒 2 大勺，糖 1 大勺，干辣椒 1 个，水 1/2 杯

鱿鱼去除内脏洗净，切成鱿鱼圈。鱿鱼腿也洗净，切成适中的小块。萝卜切片，铺在锅底，放上鱿鱼圈，倒入酱汁用慢火炖熟即可。

鱿鱼辣椒沙拉　促进肝细胞再生　*297kcal*

鱿鱼中的牛磺酸和辣椒中的维生素 C 有助于肝细胞的再生。

●**原料** 鱿鱼 1 只，红辣椒 2 个，尖椒 3 个，粉条 30g，包饭用白菜叶 10 片，橄榄油适量

●**酱油番茄酱沙拉汁** 糖、酱油、淀粉各 1 大勺，番茄酱 3 大勺，切碎的尖椒 1 个，辣椒油 2 大勺

1. 鱿鱼去除内脏，用热水焯一下，捞出后切丝。
2. 辣椒切碎，白菜叶洗净沥干水分。
3. 粉条用 180℃的热油炸一下，晾凉后切碎。
4. 将制作沙拉汁的原料倒入锅中，开锅后倒入步骤 1、2、3 中的原料拌匀。
5. 盘中铺白菜叶，把步骤 4 中的鱿鱼盛到白菜叶上，包起来食用即可。

鱿鱼葵花子油沙拉　提高脑细胞活性　*220kcal*

鱿鱼中的牛磺酸和葵花子中的 α－亚麻酸有助于脑细胞发育。

●**原料**　鱿鱼 1 只，卷心菜 5 片，紫苏叶 10 片，芝麻少许

●**辣椒酱葵花子油沙拉汁**　苏打水、辣椒酱、葵花子油、柠檬汁各 2 大勺，糖 1 大勺，蒜末 1 小勺，姜汁少许

1. 鱿鱼剥皮切丝，紫苏叶和卷心菜切成方便食用的小块。
2. 将制作沙拉汁的原料拌匀制成沙拉汁。
3. 蔬菜装盘，鱿鱼加沙拉汁拌匀后放在蔬菜上，撒些芝麻即可。

鱿鱼茼蒿沙拉　稳定血压　*227kcal*

鱿鱼中的牛磺酸和茼蒿中的钙能够稳定血压。

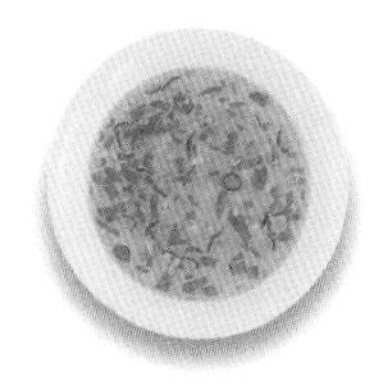

●原料　鱿鱼 2 只，茼蒿 300g

●微辣的鱼酱沙拉汁　切碎的尖椒、鱼酱、柠檬汁各 1 大勺，糖 1/2 大勺，香油、蒜末各 1 小勺

1. 鱿鱼去皮，切花刀，放入开水中快速焯一下捞出，切成大小适中的段。
2. 茼蒿切碎。
3. 将制作沙拉汁的原料拌匀制成沙拉汁。
4. 鱿鱼和茼蒿装盘，淋上沙拉汁拌匀。

29 香蕉

香蕉是比较甜的水果，糖分较高，容易消化。每100g香蕉含有约93kcal热量，是热量最高的水果。此外，香蕉富含膳食纤维，食用后易产生饱腹感，几乎没有脂肪，钠的含量也很低。

香蕉中钙等矿物质的含量很高，钙具有利尿作用，不仅有助于排出体内多余的盐分，还能清除附着在动脉血管中的毒素，从而达到稳定血压的效果。口味比较重的人，最好搭配吃一些富含钙的食物，香蕉就是最好的选择，这样能够降低由于食物过咸引起的高血压、心脏病等的患病几率。香蕉还能提高白细胞的活性，增强身体的免疫力，其中甜味的果糖和葡萄糖易于消化吸收，适宜病人和儿童食用。

适宜与香蕉搭配的沙拉汁原料

酸奶 香蕉中的膳食纤维和酸奶中的乳酸菌能够帮助排便。

芝麻 芝麻中的钙能够加强香蕉中矿物质的作用，对骨质疏松有一定疗效。

加入酸奶、芝麻的沙拉汁

酸奶蛋黄酱沙拉汁 P188
酸奶罗勒沙拉汁 P188
芝麻柠檬汁沙拉汁 P190

剩下的香蕉怎么办?

香蕉的外皮可以用作皮革制品的光泽剂，试着用香蕉外皮擦拭皮衣、钱包等皮革制品，你会发现不仅能够轻松去除表面的污垢，还能马上使皮革制品焕发光泽。

其他健康食谱

香蕉冰点

制作方法

香蕉1根,草莓3颗,酸奶1杯,蜂蜜3大勺,薄荷少许

香蕉和草莓打碎后，加酸奶和蜂蜜拌匀，放进冰箱冷冻2小时，拿出拌匀后再放进冰箱冷冻，2小时后再拿出拌匀，如此重复3次。将冻好的冰点盛到碗中，如果有香草可以点缀一下。

香蕉菠萝沙拉 缓解疲劳 335kcal

菠萝中的维生素 B_1 能够促进香蕉中糖分的代谢，对缓解疲劳有一定效果。

●原料 香蕉2根，菠萝2块，红甜椒1/2个，生菜3片，菊苣少许，黄油、糖各1大勺

●蛋黄酱菠萝沙拉汁 蛋黄酱2大勺、菠萝罐头汁2大勺，盐少许

1. 香蕉切成长条，锅中放入黄油和糖，将香蕉煎至淡黄色。
2. 菠萝和甜椒切成方便食用的小块。
3. 生菜和菊苣也切成方便食用的小块。
4. 将制作沙拉汁的原料拌匀制成沙拉汁，如图，香蕉和其他原料装盘，淋上沙拉汁即可。

香蕉芝麻沙拉　预防骨质疏松　*462kcal*

香蕉中的镁和芝麻中的钙能够预防骨质疏松。

●原料 香蕉 2 根，巨峰葡萄 10 颗，意大利通心粉 100g

●芝麻蛋黄酱沙拉汁 芝麻、柠檬汁各 2 大勺，蛋黄酱 3 大勺，酸梅汁 1 大勺，酱油 1 小勺

1. 香蕉切成方便食用的小块。
2. 葡萄洗净对半切开，意大利通心粉煮熟滤干水分。
3. 将制作沙拉汁的原料放进搅拌机打碎拌匀，准备好的所有原料装盘，淋上沙拉汁拌匀即可。

香蕉酸奶沙拉　预防便秘　*278kcal*

香蕉中的膳食纤维和酸奶中的乳酸菌能够预防便秘。

●原料　香蕉2根，绿色猕猴桃、金黄色猕猴桃各1个

●酸奶柠檬沙拉汁　酸奶1杯，切碎的罗勒、蜂蜜、柠檬汁各1大勺

1. 香蕉和猕猴桃切成方便食用的小块。
2. 将制作沙拉汁的原料拌匀制成沙拉汁，香蕉和猕猴桃盛到碗中，淋上沙拉汁即可。

30 苹果

西方有句俗语“每天一苹果，医生远离我”，无论在东方还是西方，苹果都是深受人们喜爱的健康水果。苹果中最有代表性的成分是“果胶”，它是一种水溶性膳食纤维，能够通过肠胃排出体内代谢的废物，刺激肠道，预防便秘。果胶还能吸收肠胃中的有害物质，降低胆固醇水平。苹果中丰富的钙能够调节血液中钠的含量，起到稳定血压的作用。

苹果富含有机酸，能够缓解疲劳，改善激素功能，促进睡眠，还有美容功效。

建议肥胖、糖尿病、大肠癌、动脉硬化和高血压患者每天吃一个苹果。苹果中含有糖分，一次最好不要吃太多，坚持每天适量食用。

适宜与苹果搭配的沙拉汁原料

酸奶 酸奶与苹果中的果胶相互作用能够帮助排便和清理肠道。

柠檬汁 柠檬汁能够防止苹果褐变，柠檬中的有机酸有助于缓解疲劳。

加入酸奶、柠檬汁的沙拉汁

橄榄油柠檬沙拉汁 P182
酸奶咖喱沙拉汁 P188
酸奶柠檬沙拉汁 P188

剩下的苹果怎么办?

苹果皮不要扔掉，腌肉时可以用。将苹果皮打碎后，和肉一起腌或夹在肉中间，腌肉的味道会更好。

其他健康食谱

苹果蜜饯

制作方法

苹果 2 个，糖 1 杯

苹果要选皮红味酸的红玉苹果，洗净后去核，带皮切成薄片。把苹果片蒸熟，拌入白糖，取出放在阳光下晾干。晒 1 天后，苹果片变硬，表面会出现糖的结晶，这时苹果蜜饯就做好了，如果吃不完，密封保存即可。

苹果栗子沙拉　美容护肤、预防便秘　*422kcal*

苹果中的果胶能预防便秘，栗子中的维生素 C 能够清洁皮肤。

●原料　苹果 2 个，栗子 10 颗，葡萄干 2 大勺

●酸奶醋沙拉汁　酸奶 5 大勺，醋、蜂蜜、柠檬汁各 1 大勺，糖 1/2 大勺，盐少许

1. 苹果洗净切成 4 等份，去核后切成薄片。
2. 栗子剥皮切成片，与苹果和葡萄干混合在一起。
3. 将制作沙拉汁的原料拌匀制成沙拉汁，准备好的原料装盘，淋上沙拉汁拌匀即可。

苹果葡萄沙拉　缓解疲劳　456kcal

苹果中的有机酸和葡萄中的糖分具有缓解疲劳的作用。

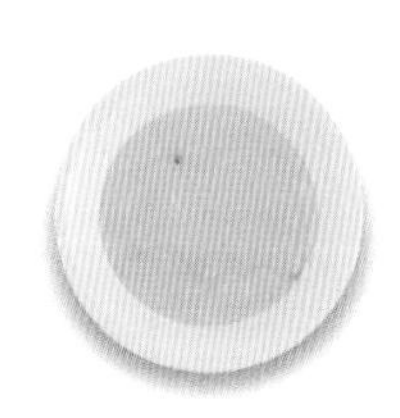

●原料　苹果 2 个，葡萄 20 颗，生菜 1/4 棵，菊苣少许

●蛋黄酱桂皮沙拉汁　蛋黄酱 1/2 杯，柠檬汁、蜂蜜各 2 大勺，桂皮粉 1/4 小勺

1. 苹果洗净切成 8 等份，去核后切成方便食用的小块。
2. 先把整串葡萄冲洗一下，再一颗一颗摘下来清洗，沥干水分。
3. 生菜和菊苣切成方便食用的小片。
4. 将制作沙拉汁的原料拌匀制成沙拉汁，苹果、葡萄、生菜等装盘，淋上沙拉汁拌匀即可。

苹果芹菜沙拉　预防便秘、稳定血压　*498kcal*

苹果中的果胶和芹菜中的膳食纤维能够预防便秘，稳定血压。

●原料　苹果2个，芹菜2根，帕尔玛奶酪30g，葡萄干、核桃各2大勺

●橄榄油醋沙拉汁　橄榄油4大勺，醋、柠檬汁、蜂蜜各1大勺，盐少许

1. 苹果带皮切块，芹菜带叶切成段。
2. 奶酪切成薄片，核桃切碎。
3. 将制作沙拉汁的原料拌匀制成沙拉汁，奶酪、葡萄干、核桃、苹果和芹菜混合在一起。
4. 在准备好的原料上淋上沙拉汁拌匀即可。

31 橘子

橘子和橙子的黄色源于多酚成分——类黄酮，而胡萝卜和南瓜的黄色源于 β-胡萝卜素。

类黄酮具有抗氧化和抗突变的功效。所谓抗突变是指预防细胞突变引起的癌症和其他慢性疾病。类黄酮还能抑制癌细胞生长，具有强化毛细血管的作用。橘子含有丰富的维生素 P，能够增强帮助形成胶原蛋白的维生素 C 的作用，强化毛细血管。橘络中的维生素 P 含量比橘肉高，因此不要剥掉橘络，最好一起吃掉，这样才能更好地发挥强化血管的作用。

另外，橘子含有丰富的钙，有助于排出体内多余的钠，稳定血压。使橘子带有酸味的柠檬酸能够促进新陈代谢，缓解疲劳，清洁血液。

适宜与橘子搭配的沙拉汁原料

洋葱 洋葱能够加强橘子中维生素 P 的作用，使血管更加强韧。

酸奶 酸奶的酸味能够保护橘子中的维生素 C 不被破坏。

加入洋葱、酸奶的沙拉汁

橄榄油洋葱沙拉汁 P182

酸奶沙拉汁 P188

剩下的橘子怎么办?

橘子含有丰富的维生素 C 以及具有美白作用的有机酸，对雀斑、青春痘等有一定疗效。把 1 个蛋黄、2 大勺橘子汁和 1 颗橄榄混合拌匀涂在脸上，15 分钟后用清水洗净即可。

其他健康食谱

橘皮酱

制作方法

2 个橘子的皮，苹果 1 个，糖 100g，盐少许

用盐揉搓橘子皮，然后用清水洗净、切碎。苹果同样削皮去核切碎。锅中放入橘皮、苹果、糖和盐，用小火熬制，汤汁基本收浓后即可关火。

橘子荞麦沙拉　强化毛细血管　*497kcal*

荞麦中的芦丁和橘子中的维生素 C 能够强化血管。

●原料　橘子 2 个，苹果 1 个，蟹肉棒 50g，荞麦面 1 杯，水 1 杯半，黄油 2 大勺，盐少许

●蛋黄酱洋葱沙拉汁　蛋黄酱、洋葱末各 2 大勺，芥末酱 1 大勺，柠檬汁 2 小勺

1. 荞麦面中加入水、溶化后的黄油和盐拌匀，煎成饼。
2. 橘子剥皮后一瓣一瓣掰开，苹果和芹菜切成细条，蟹肉棒切成方便食用的小块。
3. 将沙拉汁的原料拌匀制成沙拉汁。
4. 如图，将煎饼和水果蔬菜装盘，淋上沙拉汁拌匀即可。

橘子杏干沙拉　稳定血压　*354kcal*

橘子中的钙有助于排出体内多余的钠，稳定血压。

●原料　橘子4个，杏干、核桃各10个，芹菜2根

●酸奶罗勒沙拉汁　酸奶5大勺，柠檬汁2大勺，蜂蜜1大勺，切碎的罗勒少许

1. 橘子剥皮后一瓣一瓣掰下来。
2. 将杏干四等分，芹菜按照橘子瓣的长度切段后，再纵向切片。
3. 核桃在锅中炒至上色。
4. 将制作沙拉汁的原料拌匀制成沙拉汁，准备好的原料装盘，淋上沙拉汁拌匀即可。

橘子猕猴桃沙拉　促进消化　*423kcal*

橘子能够促进胃液分泌，帮助消化。

●原料　橘子2个，猕猴桃1个，鸡胸肉1块，生菜5片，黑橄榄、青橄榄各10颗

●鸡肉调料　清酒1大勺，大蒜2瓣，盐、胡椒粉各少许

●鲜奶油饴糖沙拉汁　糖1/4杯，水1/2杯，鲜奶油3大勺，黄油1大勺

1. 鸡肉用酱料腌一下煎熟，切成方便食用的小块。
2. 橘子和猕猴桃去皮、切块；生菜切片，橄榄洗净滤干水分。
3. 锅中放入糖和2大勺水，小火烧至糖变成褐色，再放入鲜奶油和剩下的水，调匀晾凉后，放入少许黄油和盐，沙拉汁就完成了。
4. 准备好的鸡肉和水果装盘，淋上沙拉汁拌匀即可。

32 菠萝

菠萝含有蛋白质分解酶“菠萝蛋白酶”，能够分解蛋白质，该成分能使肉类变得柔软易消化。食用肉类食物时，或者患有腹泻、消化不良等消化道疾病的人可以多吃一些菠萝。注意菠萝罐头中的菠萝不含菠萝蛋白酶，因为在制作罐头的过程中需要高温杀菌，一旦受热，菠萝中的酶就被破坏了。所以要想发挥菠萝的作用，最好买新鲜菠萝。

除了分解蛋白质，菠萝还能疗伤。因剧烈运动受伤或患有关节炎时吃一些菠萝能够减轻炎症。菠萝中的膳食纤维具有缓解便秘的作用，丰富的钙能够调节血压。菠萝中含有促进新陈代谢的维生素 B_1，能够缓解疲劳，柠檬酸能够促进食欲。

适宜与菠萝搭配的沙拉汁原料

柠檬 柠檬能够促进胃液的分泌，并能与菠萝一起分解蛋白质，促进消化。

橄榄油 能够提高菠萝和其他食物中胡萝卜素的吸收率。

加入柠檬、橄榄油的沙拉汁

橄榄油柠檬沙拉汁 P182
橄榄油芥末酱沙拉汁 P183

剩下的菠萝怎么办?

用菠萝和橘子制成果汁是最佳选择。菠萝能够促进消化，橘子可促进胃液分泌，也有助于消化。具体做法是将 50g 菠萝和 1 个橘子放入搅拌机中，加 1/2 杯水，打匀即可。

其他健康食谱

菠萝炒饭

制作方法

菠萝 1/2 个，虾仁 50g，香菇 2 朵，大葱 1/2 根，鸡蛋 1 个，米饭 1 碗，橄榄油 1 大勺，盐、胡椒粉少许

将菠萝的硬心挖出，果肉切成小丁，大葱切碎，香菇切成小块。鸡蛋打散加入适量盐，虾仁切成适中的小块。锅中倒入适量油，倒进蛋液炒熟后盛出。将香菇和米饭略炒，加盐和胡椒粉炒匀，放入虾仁、炒鸡蛋、菠萝和葱花，炒熟后装盘即可。

菠萝芦笋沙拉　缓解疲劳　　597kcal

菠萝能够提供能量，芦笋可以促进新陈代谢，搭配在一起能为劳累一天的人们缓解疲劳。

●原料 芦笋、圣女果各 5 个，菠萝 4 块，鸡胸肉 2 块，生菜 3 片，大蒜 2 瓣，迷迭香、盐、胡椒粉各少许

●蛋黄酱菠萝沙拉汁 菠萝 2 块，蛋黄酱 8 大勺，菠萝汁 3 大勺，蒜末 2 小勺，盐少许

1. 菠萝切成小块，芦笋在盐水中焯一下，切成适中的小块。
2. 鸡肉用迷迭香、盐、蒜片、胡椒粉腌一下，蒸熟后切成方便食用的小块。
3. 生菜撕成小片，圣女果四等分。
4. 菠萝切碎，与其他制作沙拉汁的原料混合在一起制成沙拉汁。
5. 将准备好的原料装盘，淋上沙拉汁拌匀即可。

菠萝猪肉沙拉　促进消化　　*569kcal*

菠萝中分解蛋白质的酶能够促进消化。

●原料　菠萝300g，猪肉300g，黄瓜、紫洋葱各1/2个，大蒜、姜各2瓣，大葱1根

●猪肉酱料　酱油、清酒、糖各2大勺，姜汁1小勺

●芝麻花生酱沙拉汁　芝麻、醋各3大勺，糖、柠檬汁、香葱末各1大勺，花生酱2小勺，生抽1小勺，盐少许

1. 锅中放入猪肉、葱段、蒜片、姜片，倒入足够的水煮开，再放入酱料小火慢炖，使猪肉入味，炖熟后切片。
2. 菠萝切成大小适中的块，洋葱切丝，黄瓜切片。
3. 将制作沙拉汁的原料放入搅拌机打碎制成沙拉汁。
4. 准备好的原料装盘，淋上沙拉汁拌匀即可。

菠萝苹果沙拉　预防便秘　*499kcal*

菠萝、苹果中的膳食纤维和果胶能够刺激肠道、帮助排便。

●原料　菠萝 200g，苹果 1 个，杏干、栗子各 5 颗，开心果 30g

●橄榄油芥末酱沙拉汁　橄榄油 4 大勺，醋 2 大勺，碎洋葱 1 大勺，糖 1/2 大勺，芥末酱 1 小勺，盐 1/2 小勺，胡椒粉少许

1. 把菠萝和苹果切成方便食用的小块，杏干四等分。
2. 栗子剥皮切碎，开心果切碎。
3. 将制作沙拉汁的原料拌匀制成沙拉汁，准备好的所有原料装盘，淋上沙拉汁即可。

33 梨

梨是一种温和、生津的水果，其中85%～88%是水分，糖分占10%～15%，蛋白质0.3%，脂肪0.2%，膳食纤维0.5%。梨属强碱性，适宜与肉类搭配食用。梨是凉性水果，发烧、胸闷或口渴时可以吃一些梨。此外，梨还有解酒的功效。

吃梨时，会觉得口感有些粗糙，好像有很多小沙粒，这是因为梨肉中有石细胞。这种厚壁细胞不易消化，能够利尿、促进排便，对缓解便秘也有一定疗效。另外，它还有清洁口腔的作用，饭后吃一块梨能够使口腔更加清爽。

声音沙哑或口渴时可以吃一些梨，梨对咽痛痰多也有一定疗效，因此中医常把梨用作治疗哮喘的药物。

适宜与梨搭配的沙拉汁原料

松子 松子具有清洁血管和降血压的作用。

姜 梨属凉性，姜属热性，两者在一起可以中和一下。

加入松子、姜的沙拉汁

酱油松子粉沙拉汁 P184

酱油姜末沙拉汁 P184

剩下的梨怎么办?

剩下的梨可以切碎后腌肉时用。梨中含有促进消化的酶，可以使肉类更加柔软，更加美味。梨尤其适合与牛肉搭配食用。

其他健康食谱

梨子水晶果

制作方法

梨1个，姜30g，胡椒粒1大勺，水6杯，糖1/2杯

姜去皮切碎，加水煮约30分钟。用模具将梨切成花朵形状，花心按进一颗胡椒，再放入煮开的姜水中，煮约20～30分钟梨就会变得透明，加糖调味后关火即可。

莲藕梨沙拉　稳定血压　*438kcal*

梨和莲藕均有退热、降血压的作用。

●原料　藕 200g，梨 1 个，大枣 5 颗，菊苣 50g

●松子蛋黄酱沙拉汁 松子 2 大勺，蛋黄酱、柠檬汁各 2 大勺，蜂蜜 1 大勺，盐 1 小勺

1. 莲藕去皮，切成薄片，在热水中焯一下。
2. 梨去皮切片，菊苣切成方便食用的小块，大枣切碎。
3. 松子磨碎，与其他制作沙拉汁的原料混合在一起制成沙拉汁。
4. 准备好的所有原料装盘，淋上沙拉汁拌匀即可。

萝卜梨沙拉　宣肺止咳　*178kcal*

梨能够去除肺部的内热，具有祛痰止咳的作用。

● 原料　梨 1 个，萝卜 200g，甜菜少许

● 姜汁沙拉汁　姜汁 1 小勺，糖、醋各 2 大勺，香油 1 大勺，盐少许

1. 梨、萝卜和甜菜切丝。
2. 将制作沙拉汁的原料拌匀制成沙拉汁。
3. 准备好的原料装盘，淋上沙拉汁拌匀即可。

梨卷心菜沙拉　强化肠胃功能　*607kcal*

梨能够促进消化，卷心菜能够保护肠胃。

●原料 梨1/2个，卷心菜1/2棵，粉丝、牛肉、胡萝卜各100g，菠菜3根，香油1大勺，酱油1小勺，盐少许

●牛肉酱料 酱油1大勺，糖1/2大勺，大蒜1小勺，胡椒粉少许

●酱油蒜末沙拉汁 酱油3大勺，醋、糖各2大勺，辣椒油、水各1大勺，蒜末1小勺

1. 梨、卷心菜、胡萝卜切丝，放入锅中加适量盐炒一下。
2. 粉丝泡开后用热水焯一下，撒上香油和酱油拌匀。
3. 牛肉切块，用酱料腌制后大火炒熟；菠菜洗净，撕下叶子。
4. 将制作沙拉汁的原料拌匀制成沙拉汁，准备好的所有原料装盘，淋上沙拉汁拌匀即可。

适宜在沙拉中使用的药材

枸杞 枸杞的嫩芽含有丰富的蛋白质，具有滋补强身、缓解疲劳的作用。枸杞的叶子富含维生素C,能够强化毛细血管。此外,枸杞还具有改善肝功能、保护视力、稳定血压的作用。

生姜 生姜的根里含有蛋白质、膳食纤维、戊聚糖、淀粉、矿物质等，具有防治溃疡的作用，其辣味能够促进胆汁分泌，有助于脂肪的消化和吸收。

绿豆 绿豆的主要成分是糖，蛋白质约占21%，营养价值很高。绿豆的脂肪含量很少，主要是亚油酸，这是一种不饱和脂肪酸。绿豆具有清热解毒，消渴等功效。

五味子 五味子因有五种味道而得名，外皮酸，果肉甜，籽辣中带苦，整个吃又是咸的。五味子酸是因为有机酸含量多，它能够缓解疲劳。五味子还能治疗咳嗽和哮喘。

陈皮 味苦、辛，性温，香气浓郁。陈皮具有化痰止咳的作用，因急性支气管炎引起哮喘或痰多而感到胸闷时可以吃一些陈皮。最近的研究表明，陈皮能够刺激消化器官，促进胃液分泌和胃的蠕动，并能治疗中风。舌苔厚重、食欲不振、打嗝、恶心、消化不良时可以吃一些陈皮。

银杏 银杏具有一种特殊的香味，含糖量高，并含有卵磷脂和麦角固醇，卵磷脂是神经系统不可缺少的物质，麦角固醇可转化成维生素D。银杏润肺补气，对咳嗽和哮喘有一定疗效。小便涩痛时吃一些银杏可以止痛，并能快速缓解病情。生吃银杏会中毒，最好煎熟或加热后食用。成人每次5粒，儿童3粒，每天吃2次即可。

蜂蜜 是人类最早从自然界中获得的食物之一，糖分很高，具有很强的杀菌功效，能够增强人体对疾病的免疫力。患口腔溃疡时可以把蜂蜜冲水涂于患处或直接饮用。蜂蜜的主要成分——果糖有分解酒精的作用，酒后喝蜂蜜水能够解酒。

第3章

根据自己的体质制作沙拉!

具有食疗功效的沙拉

沙拉是一种健康饮食，最大限度地保持了食物的原汁原味，把对食物营养成分的破坏降到最低，所以沙拉既好吃又健康。根据自己的身体状况选择合适的食材制作沙拉，有助于达到疾病的治疗。不同沙拉有不同的功效，制作对症的沙拉，可以收到很好的食疗效果。

肩膀酸痛

促进血液循环能够温暖身体和脏器，使酸痛感减轻或消失。应多摄取B族维生素、维生素E等营养物质。

长期处于紧张状态会使肌肉紧张，压迫血管，影响血液循环，造成肩膀和颈部酸痛，这主要是坐姿长期不正确造成的。当体内血液循环不畅、废物堆积时就会出现上述症状，只要解决血液循环的问题，上述症状就能自然治愈。

首先要改变不正确的坐姿，同时进行适当的运动，尽可能摄入铁、钙、B族维生素和维生素C、E等。以米饭为主食的人通常比较容易缺乏维生素B_1，体内的碳水化合物不易分解，肌肉中就会堆积疲劳物质造成肌肉疲劳，因此要多吃一些富含B族维生素的糙米、猪肉、青花鱼、豆类、牛奶等食物。葱、大蒜、洋葱、韭菜等也能增进血液循环，尤其是韭菜的香味不仅能促进食欲，还有抗癌作用。

韭菜豆粉沙拉 *214kcal*

●原料 韭菜300g，生豆粉5大勺，迷你甜椒（红）3个，洋葱1/2个

★食疗沙拉汁 酱油3大勺，香油、芝麻盐各2大勺，糖1大勺，粗辣椒粉、蒜末各1小勺

1. 韭菜洗净控干，切成长度适中的段。
2. 盘中盛上豆粉，倒入韭菜拌匀。
3. 将韭菜放入蒸笼，当豆粉变透明时即可出锅，平铺在盘中晾凉。
4. 迷你甜椒切成方便食用的小块，洋葱切丝，泡一下去除辣味。将制作沙拉汁的调料拌匀制成沙拉汁。
5. 韭菜冷却后，将准备好的原料拌匀，淋上沙拉汁即可。

慢性疲劳

大蒜和西蓝花等能够改善大脑功能，缓解疲劳。最好搭配富含牛磺酸的贝类和鱿鱼等食物。

充分休息后疲劳没有丝毫缓解，工作效率也不高，这就是慢性疲劳。没有足够的睡眠和营养，身体的抵抗力会降低，许多疾病就会从身体最薄弱的部分开始萌芽。如果没有在出现上述症状的初期及时调整，不仅有损身体健康，而且会发展成慢性疲劳，很难恢复。

精神压力过大造成的疲劳，可以多吃些能够促进大脑活动的大蒜和西蓝花，同时搭配富含牛磺酸的贝类和鱿鱼等。牛磺酸可以促进血液循环，调节心血管功能，抑制血清和肝脏中的胆固醇增加，具有缓解疲劳的作用。贝类富含铜、铁等造血必需的矿物质，有助于肝脏的新陈代谢。人参也是很好的补品，其中的皂角苷能促进新陈代谢，增强营养物质的消化和吸收，还能缓解压力。此外，人参还能促进胆固醇的代谢，快速分解酒精使之排出体外。皂角苷是水溶性的，制作沙拉时，注意不要把人参切开在水中浸泡。

人参鸡肉沙拉　397kcal

●原料　人参 1 根，鸡胸肉 2 块，芥菜叶 10 片，迷你甜椒 4 个，菠萝 2 块

★鸡肉调料　大蒜 1 瓣，姜 1/2 个，清酒 1 大勺，胡椒粉少许

★食疗沙拉汁　酱油 2 大勺，醋、柠檬汁、蜂蜜、香油各 1 大勺，芥末籽酱 2 小勺

1. 人参洗净切成适中的小块；鸡肉中放入姜、大蒜、人参，撒上清酒和胡椒粉蒸约 20 分钟，出锅晾凉后撕成丝。
2. 芥菜叶、菠萝切成适中的小块，迷你甜椒切成薄片。
3. 将制作沙拉汁的调料拌匀制成沙拉汁。
4. 准备好的所有原料装盘，淋上沙拉汁拌匀即可。

感冒

要预防感冒，平时应补充足够的维生素，提高免疫力。富含维生素 A 和维生素 C 的食物对预防感冒最有效。

感冒大多由病毒引起，当身体疲劳、精神压力大而造成免疫力低下时容易感冒。预防感冒的方法就是平时补充足够的维生素以提高免疫力，尤其要多吃富含维生素 A 和维生素 C 的食物。维生素 C 不能长期储存在人体内，每隔 2 ～ 3 个小时就会排出体外，因此要通过一日三餐均衡摄入维生素 C。富含维生素 C 的食物有欧芹、甜椒、西蓝花和柑橘等。

胡萝卜和西蓝花中丰富的 β-胡萝卜素能够提高免疫力，预防感冒。β-胡萝卜素在体内可转化为维生素 A，有助于保持眼、口腔、肠胃、支气管等黏膜组织的健康。缺乏维生素 A 易使上皮组织的黏膜干硬而容易受伤，呼吸系统也容易被病毒和细菌侵袭，患上感冒。在感冒初期，吃一些暖身的生姜、洋葱、大葱和胡萝卜等就能治疗，如果咽喉肿痛，可以用萝卜蘸蜂蜜吃。萝卜富含促进消化的酶，有杀菌作用，对咳嗽、痰多、口腔溃疡等有一定疗效。

金枪鱼蔬菜沙拉 353kcal

●原料 金枪鱼（冷冻）200g，洋葱 1/2 个，西蓝花 1/2 朵，紫苏叶 10 片，柠檬汁 1 大勺，柠檬、胡椒粉各少许

★食疗沙拉汁 橄榄油 4 大勺，姜末、醋、柠檬汁各 1 大勺，糖 1 小勺，盐、胡椒粉各少许

1. 金枪鱼解冻后切块，撒上柠檬汁和胡椒粉拌匀。
2. 洋葱切丝，西蓝花掰成小朵后放在盐水中焯一下。紫苏叶卷起来后切成适中的小块，柠檬切成薄片。
3. 生姜切碎，放在橄榄油中浸泡约 1 小时，与其他制作沙拉汁的调料拌匀制成沙拉汁。
4. 准备好的所有原料装盘，淋上沙拉汁拌匀即可。

宿醉

宿醉后可以多吃一些富含维生素 C 的橙子、柿子、西红柿等蔬菜和水果，这样能够促进肝脏的活动，缓解肠胃不适。

酒精进入人体后会转变成乙醛，当摄入的酒精超过了肝脏的分解能力，血液中就会残留有乙醛成分。这一成分会影响很多脏器，尤其是肝脏。体内堆积的乙醛过多，还会破坏脑组织。饮酒过量时，最好喝一些蜂蜜水或果汁等饮料，同时摄入水分和糖分，这样可以促使脑部积聚的乙醛排出体外。另外，最好吃一些猪肉、青花鱼、马鲛鱼、秋刀鱼、花生、糙米等食物，它们有助于分解酒精和乙醛。

酒后可以多吃富含维生素 C 的橙子、柿子、西红柿等蔬菜和水果来补充水分和维生素。这些蔬果能够促进肝脏的活动，缓解肠胃不适。醒酒固然重要，但更重要的是防患于未然，饮酒之前先要做好预防宿醉的准备。饮酒要适量，同时搭配一些富含维生素、蛋白质和糖分的易消化的下酒菜。

西红柿橙子沙拉 377kcal

●原料 西红柿、橙子各 2 个，柿子 1 个，羽衣甘蓝 20 片

★食疗沙拉汁 草莓 5 颗，梨蜜饯 3 大勺，蜂蜜、柠檬汁、橄榄油各 1 大勺，盐 1/2 小勺

1. 西红柿洗净切块，橙子剥皮后一瓣一瓣掰开。
2. 柿子剥皮，切成长条。
3. 羽衣甘蓝切成方便食用的小块，与其他水果拌在一起。
4. 将制作沙拉汁的原料放入搅拌机打碎，制成沙拉汁。
5. 准备好的所有原料装盘，淋上沙拉汁拌匀即可。

失眠

乳制品、豆类、花生、鸡蛋黄、香蕉等含有色氨酸的食物和金枪鱼、胡萝卜、紫菜、橘子等富含钙的食物对失眠有一定疗效。

因压力过大而神经过敏或由于持续的精神压力无法入睡时，不要太着急，保持平和的心态最重要。促进睡眠的营养物质有色氨酸、钙、镁、维生素 B_6、烟酸等。

色氨酸是人体必需氨基酸之一，具有稳定神经和使人产生睡意的作用。摄取色氨酸后，大脑会产生一种具有安定神经作用的神经递质。色氨酸含量较高的食物有奶酪、各种豆制品、花生、鸡蛋黄和香蕉，搭配一些富含维生素 B_6 的食物效果更佳，例如香蕉和红薯。钙具有稳定大脑的作用，富含钙的食物有金枪鱼、鸡蛋、胡萝卜、紫菜和橘子等。维生素 D 是人体吸收钙不可缺少的物质，在阳光下晒干的香菇和鲑鱼等食物中含有丰富的维生素 D。吃一些性温、暖体的食物也有助于睡眠，桃子、南瓜、生姜、大葱、大枣等都是不错的选择，使用上述食材烹调时加入少量酒，效果更好。

香蕉红薯沙拉 *494kcal*

●原料 香蕉、红薯各 2 个，洋葱、紫洋葱各 1/3 个，生菜 10 片，黄油 1 大勺，盐少许

★食疗沙拉汁 蛋黄酱 3 大勺，花生 5 大勺，柠檬汁 1 大勺，蒜末 1 小勺，盐、欧芹粉各少许

1. 红薯蒸熟去皮，趁热压成红薯泥，加黄油和盐拌匀。
2. 香蕉剥皮切块，生菜洗净后滤干水分，洋葱切丝。
3. 花生磨碎，与其他制作沙拉汁的原料混合制成沙拉汁。
4. 准备好的所有原料装盘，淋上沙拉汁拌匀即可。

浮肿

体内水分过多，蓄积在身体的某一部位，如脸部、四肢、腹部或全身皮下的状态叫做浮肿。此时应多吃含钙的食物。

浮肿是体内水分过多，蓄积在身体的某一部位或全身皮下时的状态。心脏疾病引起的浮肿多是傍晚腿部肿起，早晨消失。肾脏疾病引起的浮肿多是睡醒时脸部和手脚浮肿，暖体后症状就会消失。如果心脏和肾脏都没有问题，还是浮肿，就要看平时的饮食是否过咸。

经常浮肿的人要多吃含钙的食物。钙有利尿作用，能够把水分和盐分排出体外，去除血液中的废弃物，维持正常血压，减轻浮肿。香蕉、橙子、西蓝花、西瓜、柿子和芋头含有丰富的钙。西瓜中含有瓜氨酸，具有利尿作用，能够减轻浮肿。红豆也有利尿作用，其外皮中的皂角苷能够促进消化，排出体内多余水分。

红豆西瓜沙拉 545kcal

●原料 红豆 1/2 杯，西瓜 300g，糯米粉 2 杯，菊苣 7 片

★熬制红豆的调料 糖、蜂蜜各 2 大勺，盐少许

★食疗沙拉汁 泡五味子的水 1/2 杯，糖 2 大勺，蜂蜜 1 大勺，淀粉 1 小勺

1. 红豆洗净，加 2 杯水煮开，第一次煮开后把水倒掉，再加 3 杯水煮开。红豆煮熟后加糖和蜂蜜慢慢熬制。
2. 西瓜挖成圆球状；糯米粉用加盐的热水和开，做成小丸子，煮熟后在冷水中冷却；菊苣切成方便食用的小块。
3. 五味子浸泡后捞出，泡五味子的水中加入淀粉和糖拌匀后煮开，汤汁变黏稠时关火，加蜂蜜晾凉，沙拉汁就做好了。
4. 将准备好的原料装盘，淋上沙拉汁拌匀即可。

便秘

膳食纤维治疗便秘最有效。多吃富含膳食纤维的食物，不仅能够增加排便量，还能促进大肠运动，使排泄通畅。

一旦发生便秘，体内就会积聚有毒物质，妨碍新陈代谢，出现头痛、食欲不振、腹部不适、痔疮等症状。毒素不能及时排出，还会出现青春痘、痣、雀斑、皮肤老化等现象。

要改善便秘，就要规律地进食，多喝水，摄取富含膳食纤维的食物。膳食纤维对治疗便秘最有效，它能增加排便量，促进肠道蠕动，使排泄通畅。膳食纤维与水分相互作用能够软化大便，使排泄轻松顺畅。

富含膳食纤维的食物有扁豆、豌豆等豆类，以及苹果、香蕉、琼脂、牛蒡、卷心菜、裙带菜等。桃子含有丰富的膳食纤维、β-胡萝卜素和维生素 C，果胶的含量很高，果胶对缓解便秘非常有效。酸奶也是治疗便秘的理想食物，酸奶和富含膳食纤维的食物一起食用，效果更佳。

牛蒡甜椒沙拉 *480kcal*

●原料 牛蒡 2 根（150g），青、红、黄甜椒各 1/2 个，粉丝 100g，苏子油 3 大勺，酱油、白糖、香油各 1 大勺，芝麻 1 小勺

★牛蒡调料 水 1/2 杯，酱油、水饴各 3 大勺，料酒 1 大勺

★食疗沙拉汁 酱油、糖各 1 大勺，香油 1 小勺

1. 牛蒡切丝后炒一下，倒入牛蒡调料，炖熟入味后出锅。
2. 粉丝泡开，放入炖牛蒡的锅里，加 1 杯水、酱油和糖各 1 大勺煮开，收汁后翻炒几下出锅。
3. 甜椒切丝，炒熟后晾凉；将牛蒡与粉丝混合，加香油和芝麻拌匀，再与甜椒混合。
4. 将制作沙拉汁的调料拌匀制成沙拉汁，准备好的原料装盘，淋上沙拉汁即可。

腹部肥胖

腹部肥胖是因为内脏脂肪积聚，我们要改掉过于油腻的饮食习惯，摆脱压力，养成规律和健康的饮食、运动习惯。

腹部肥胖的原因不只是腹部长肉了，更重要的是内脏脂肪增加了。腹部肥胖是动脉硬化、高血压、脂肪肝和癌症的诱因。为了减掉腹部的赘肉，我们要改掉过于油腻的饮食习惯，摆脱压力，养成规律的运动和健康的饮食习惯。

早餐最重要，晚上睡前3小时最好不要进食，要多吃富含膳食纤维的食物，比如牛蒡、莲藕、萝卜、芜菁、甘蓝等，这些食物需要反复咀嚼，易使大脑产生饱腹感，从而减少热量的摄入。膳食纤维还能刺激肠道，促进排便，降低胆固醇，预防动脉硬化。橡子凉粉、荞麦凉粉等凉粉类食物热量低，水分多，是减掉腹部赘肉的理想食物。蘑菇和海藻类食物热量低，也是不错的选择。蘑菇中盐酸的含量很高，盐酸能够促进糖分和脂肪的代谢。豆类富含膳食纤维，具有缓解便秘的功效，最好是做米饭时加一些或做成沙拉。

橡子凉粉沙拉 *315kcal*

●原料 橡子凉粉1/2块，萝卜干50g，茼蒿100g，苏子油、酱油、水饴各1大勺，黑芝麻少许

★食疗沙拉汁 酱油3大勺，水、香油各2大勺，粗辣椒粉、香葱末、糖、芝麻盐各1大勺

1. 橡子凉粉和茼蒿切成方便食用的小块。
2. 萝卜干泡5分钟，捞出晾30分钟，这样萝卜干比较筋道。
3. 锅中放入适量苏子油，将萝卜干炒一下，加入酱油和水饴继续翻炒，最后撒上黑芝麻出锅。
4. 将制作沙拉汁的调料拌匀制成沙拉汁。
5. 准备好的原料装盘，淋上沙拉汁拌匀即可。

青春痘

脸上长青春痘时，最好多吃一些富含维生素 B_2、B_6、C，以及 β-胡萝卜素、锌、膳食纤维的大麦、绿豆、蘑菇、绿茶和卷心菜等食物。

青春痘是皮肤中的脂肪没有被及时排出，造成细菌繁殖引起的症状。只要解决了便秘，保证充足的睡眠和规律健康的饮食就能痊愈。注意清洁皮肤也很重要。另外，每天还要保证喝 2 升水。长青春痘时，最好多吃一些富含维生素 B_2、B_6、C，以及 β-胡萝卜素、锌、膳食纤维的大麦、绿豆、蘑菇、绿茶和卷心菜等。

大麦含有丰富的 B 族维生素，能够促进新陈代谢，防止体内堆积疲劳物质。薏苡仁具有解热、镇痛、去油等功效，能够杀死产生青春痘的细菌，缓解皮肤炎症。香菇具有解毒作用，能调节内分泌，其中的黑色素还能稳定自律神经。香菇含有丰富的膳食纤维，能够预防便秘，提高免疫力。绿茶既可以饮用也可以涂抹在皮肤上，杀菌消炎，对皮肤病患有一定疗效。绿茶的苦味源于丹宁酸，该成分能够缩小毛孔。绿茶中的类黄酮对清洁皮肤有非常好的效果。卷心菜对肠胃不适引起的青春痘有一定疗效，它的维生素含量很高，还能缓解肠胃不适。烹调卷心菜时，不要扔掉卷心菜的芯，最好一起吃掉。

杂粮沙拉 *332kcal*

●原料 大麦 1 杯，绿豆 30g，小萝卜 150g，迷你甜椒 5 个

★大麦米调料 香油 1 大勺，盐少许

★食疗沙拉汁 酱油 2 大勺，糖 1 大勺，辣椒粉、香油、芝麻盐各 1 小勺

1. 绿豆浸泡一夜，加入没过绿豆和大麦的水，煮熟后把水倒掉。
2. 趁热往大麦饭中倒入调料拌匀。
3. 小萝卜和甜椒切成方便食用的小块。将制作沙拉汁的调料拌匀制成沙拉汁，淋在小萝卜和甜椒上拌匀。
4. 把步骤 2 和 3 中准备好的原料装盘即可。

压力

压力会造成血管老化、肌肉疲劳。要多吃一些富含碳水化合物、脂肪、泛酸，以及维生素 C、E 的食物，摄入足够的水果、蔬菜、碳水化合物和脂肪，保持良好的心态。维生素 C、E 和泛酸的消耗量很大，要及时补充，才能增强抗压能力。

泛酸能够促使机体分泌抗压力的激素。维生素 C 可以增强肾上腺的功能，促进抗压力激素的分泌。维生素 E 可以提高氧的利用率，对肾上腺有一定帮助。泛酸主要存在于肉类，特别是动物的肝脏，以及鲽鱼、红薯、鸡蛋中，最好搭配食用一些乳制品、海藻类等富含钙的食物和具有镇静作用的富含维生素的食物。核桃、松子等坚果类食物也要多吃，其中含有丰富的蛋白质，能够增加肌肉和脑细胞的活性，还含有不饱和脂肪酸，可以使血管更加健康，对缓解压力有很大帮助。维生素 B_1 能够使脑神经均衡发展，刺激和促进脑细胞的活动。芝麻含有丰富的不饱和脂肪酸，能增加脑细胞的活性，维生素 B_1 和钙的含量也很高。西蓝花含有丰富的维生素 C，对缓解压力有一定帮助。

西蓝花排骨沙拉 456kcal

●原料 西蓝花、菜花各 1/2 朵，排骨 200g，紫洋葱 1/2 个，大蒜 2 瓣，生姜 1 个

★猪肉调料 料酒 2 大勺，酱油、糖各 1 大勺，姜汁 1 小勺

★食疗沙拉汁 芝麻 3 大勺，清酒、高汤、酱油、糖各 1 大勺，香油 2 小勺，辣椒油 1 小勺

1. 西蓝花和菜花分别掰成小朵，在盐水中焯一下。
2. 排骨去除血水，放入大蒜和姜片煮熟后，加入猪肉调料再炖。入味后出锅晾凉，切成方便食用的小块。
3. 紫洋葱切片。芝麻磨碎，与制作沙拉汁的原料混合制成沙拉汁。
4. 准备好的原料装盘，淋上沙拉汁拌匀即可。

预防癌症

多吃素食，充分摄入各种新鲜的时令蔬菜有助于预防癌症。

癌症是威胁人类健康的罪魁祸首，随着饮食习惯的西方化，西方人常患的大肠癌和乳腺癌等在亚洲国家的发病率在增加。预防癌症要多吃素食，充分摄入各种新鲜时令蔬菜。饮食要尽量清淡、少盐，多吃豆类、大蒜、蘑菇等食物。豆类中的异黄酮对乳腺癌、卵巢癌和前列腺癌等有一定疗效。尤其是黑豆，人体对其中的异黄酮的吸收和利用率最高。豆腐、大酱和清曲酱对预防癌症也有很好的效果，在发酵过程中产生的各种生物活性物质和有益菌都能预防癌症。大蒜是抗癌的代表食物，尤其对胃部幽门螺杆菌的感染有很好的预防作用，对消化系统的癌症有不错的疗效。蘑菇能够提高人体免疫力，抑制癌症的发病和发展，减少致癌物质在肠道内停留的时间，还能吸附致癌物质并将其排出体外，从而预防大肠癌。

豆腐蘑菇沙拉 *270kcal*

●原料 豆腐1/2块，各种蘑菇300g，西蓝花1/2朵，大蒜7瓣，香葱3根，干辣椒2个，橄榄油适量，盐、胡椒粉各少许

★食疗沙拉汁 蚝油2大勺，辣椒油、蜂蜜、香油各1大勺，淀粉1小勺，鸡汤1/2杯

1. 豆腐切块，滤干水分，用盐和胡椒粉腌制后，煎成淡黄色。
2. 西蓝花用盐水焯一下，蘑菇切片，香葱切碎。
3. 锅中倒入适量橄榄油，放入干辣椒和大蒜炒一下，蒜片变黄后放入蘑菇、西蓝花和香葱，大火快速翻炒。
4. 将制作沙拉汁的调料拌匀制成沙拉汁，淋入锅中炒匀。如图，将煎好的豆腐和炒好的菜装盘即可。

恢复元气

摄入优质蛋白质、维生素和矿物质，储备能量，保证睡眠，减轻精神和身体压力。

现代人承受着巨大压力，常常感到非常疲劳，如果持续处于疲劳状态，身体的免疫力就会下降，容易生病。平时，应该充分摄入优质蛋白质、维生素和矿物质，储备能量，保证充足的睡眠，减轻精神和身体压力。另外，一日三餐要均衡摄入各种营养，保证身体的能量供给。节食和快餐是不值得提倡的饮食方式，快餐中缺乏消化糖分的维生素 B_1。如果只能吃快餐，可以多吃一些富含维生素 B_1 的大豆、芝麻、栗子等，保证营养的均衡摄入。芦笋能够促进新陈代谢，水果含有丰富的维生素 C，对缓解疲劳有一定效果，尤其是水果中的有机酸能够防止体内废物堆积，及时清除肌肉中的疲劳物质。苹果和葡萄能为人体快速提供能量，对恢复元气很有效。鱿鱼也是值得推荐的食品，其中的氨基酸能够促进新陈代谢，牛磺酸能刺激胆汁分泌，觉得疲劳、没有气力时，可以吃一些鱿鱼。

鱿鱼海藻沙拉 *111kcal*

●原料 鱿鱼 1 只，海藻 100g，黄瓜 1 根，柠檬少许

★海藻调料 醋、糖各 1 小勺，盐 1/2 小勺

★食疗沙拉汁 酱油 2 大勺，糖、醋、柠檬汁各 1 大勺，切碎的尖椒 1/2 大勺，蒜末 1 小勺

1. 鱿鱼用盐水洗净，焯一下，捞出切成方便食用的小块。
2. 海藻在盐水中焯一下，然后浸泡在冷水中，捞出滤干水分，加入海藻调料拌匀。
3. 黄瓜切成半圆形的片，柠檬对半切开，再切成薄片。
4. 将制作沙拉汁的调料拌匀制成沙拉汁。
5. 准备好的原料装盘，淋上沙拉汁拌匀即可。

尼古丁解毒

要减轻尼古丁的危害，就要多吃富含 β-胡萝卜素的食物。β-胡萝卜素能够去除使正常细胞发生癌变的活性氧。

香烟是缩短寿命、引发肺癌的罪魁祸首，每抽一根烟就会消耗 25 毫克维生素 C，抽烟越多，血液中维生素 C 的浓度就越低。平时要多吃一些富含维生素 C 的食物，如绿茶、橙子、柿子、欧芹、草莓、桃子和西蓝花等。

桃子是吸烟者的理想食物之一，它含有“苦杏仁苷”，该成分能够提高人体对有毒物质的抵抗力，对尼古丁有解毒作用。桃子还含有丰富的维生素 C 和有机酸，能够增强免疫力，将体内的代谢废物排出体外。桃子中膳食纤维和果胶的含量也很高。果胶有助于排便，能够改善便秘、预防大肠癌。需要注意的是，桃子和脂肪含量较高的食物一起食用会阻碍脂肪的消化，造成腹泻。

除桃子以外，还应该多吃一些胡萝卜、南瓜等胡萝卜素含量很高的黄绿色蔬菜。胡萝卜素能够去除活性氧，保护黏膜组织，预防肺癌。

桃子沙拉 *345kcal*

●原料 桃子、猕猴桃各 2 个，苹果 1 个，开心果 2 大勺，柠檬汁少许

★食疗沙拉汁 酸奶 6 大勺，柠檬汁、绿茶粉各 1 大勺

1. 桃子削皮切成瓣，淋上柠檬汁拌匀。
2. 猕猴桃剥皮切成瓣，苹果带皮切瓣。
3. 开心果磨碎。
4. 酸奶中加入绿茶粉和柠檬汁制成沙拉汁。
5. 准备好的原料装盘，淋上沙拉汁拌匀即可。

高血压

预防和治疗高血压需要食疗和运动同步进行，要降低胆固醇和体重，饮食不要太咸。

血压升高就会引起头痛、头晕、干渴、胸闷、心悸等症状。如果不及时采取措施，会导致动脉硬化、心肌梗死和中风等致命疾病，严重时会危及生命。预防和治疗高血压需要食疗和运动同步进行，以降低胆固醇和体重。盐分会使血压升高，所以饮食不要太咸。要多吃富含钙的食物，钙能促使多余的钠排出体外。

黄绿色蔬菜和土豆、豆类、贝类、蔬菜、水果等都含有丰富的钙。血压升高，血管就会由于压力增大而变得脆弱，此时多摄入一些优质蛋白质，如红蛤、蛤蜊、鲍鱼等，对高血压有一定疗效。柿子和荞麦具有强健血管的作用，因为柿子中带有涩味的单宁酸能够强化血管，对高血压和循环系统疾病有预防作用；荞麦含有丰富的芦丁，能够强化血管，抑制血压升高。

豆腐荞麦芽沙拉 *286kcal*

●原料 豆腐 1 块，荞麦芽 40g，蟹肉棒 100g，紫洋葱 1/4 个，韭菜 50g

★食疗沙拉汁 酱油 4 大勺，醋 2 大勺，柠檬汁、香油、糖各 1 大勺，芥末籽酱 1 小勺

1. 豆腐切成方便食用的小块，在盐水中焯一下。
2. 蟹肉棒撕成丝，荞麦芽洗净后去皮滤干水分。
3. 紫洋葱切丝，在冷水中浸泡一下去除辣味，韭菜切成和紫洋葱同样长度的段。
4. 将制作沙拉汁的调料拌匀制成沙拉汁。
5. 如图，将豆腐摆成一圈，在准备好的蔬菜上淋上沙拉汁拌匀，盛到豆腐中间即可。

缓解眼睛疲劳

注意摄取保护皮肤和黏膜组织的维生素A、C、E等营养物质，充分休息，防止疲劳。室内灯光要明亮一些。

眼部和全身疲劳都会造成眼睛疲劳，要注意摄取保护皮肤和黏膜组织的维生素A、C、E等营养物质，充分休息，防止疲劳。室内灯光要明亮一些。

要缓解眼睛疲劳，就要特别注意摄取能保护视力的维生素A。动物性食物中的牛肝和猪肝，植物性食物中的胡萝卜、南瓜、菠菜、茼蒿是维生素A的主要来源。植物性食物中的β-胡萝卜素进入人体后会转化为维生素A，蔬菜的黄色越深，胡萝卜素的含量就越高。这类蔬菜最好不要生吃，应该用油烹制后食用，提高β-胡萝卜素的吸收率。

葡萄、西瓜、蓝莓等水果中含有能缓解眼睛疲劳的“花青素”，它能促进视网膜色素成分“视紫红质”的再合成，起到保护视力的作用。另外，维生素C对眼睛黏膜的生成有一定帮助，柑橘、草莓、猕猴桃等水果中维生素C的含量都很丰富。维生素E能够刺激眼球细胞的活动，防止眼睛老化，杏仁、核桃、花生等坚果含有丰富的维生素E。

西蓝花意大利面沙拉 367kcal

●原料 西蓝花1朵，红甜菜叶50g，意大利面（车轮形）100g，胡萝卜1/2个，盐、橄榄油适量

★食疗沙拉汁 蛋黄酱、鲜奶油各3大勺，柠檬汁、蜂蜜各2大勺，芥末籽酱1大勺

1. 西蓝花掰成小朵，在盐水中焯一下；红甜菜叶洗净控干，切成方便食用的小块；胡萝卜洗净切片炒一下。
2. 意大利面煮熟，滤干水分，加橄榄油和盐拌匀。
3. 将制作沙拉汁的调料拌匀制成沙拉汁。
4. 如图，西蓝花摆成一圈，将意大利面、胡萝卜、红甜菜叶混合在一起，淋上沙拉汁拌匀，盛到盘子中即可。

毛发损伤

头发主要由蛋白质组成，一旦受损就要注意体内是否缺乏蛋白质，最好再补充一些维生素和矿物质。

头发主要由蛋白质组成，蛋白质含有大量氨基酸。当头发出现异常时，就要增加肉类、海鲜、鸡蛋等富含优质蛋白质食物的摄入量，以修复被损伤的部分。另外，最好同时补充维生素 A、B_2、B_6、E 和生物素等营养物质。

维生素 A 是毛发组织必需的营养物质，主要存在于动物性食物中，黄绿色蔬菜中含有可以转化为维生素 A 的 β-胡萝卜素。黄油、奶酪、鸡蛋黄中含有维生素 A，从菠菜、胡萝卜、南瓜等蔬菜中也能得到维生素 A。维生素 B_2 与蛋白质的代谢密切相关。牛奶、乳制品、黄绿色蔬菜等含有丰富的维生素 B_2。维生素 B_6 是蛋白质和脂肪代谢必需的物质，肉类、鱼类、谷物类、核桃、土豆、红薯中含有丰富的维生素 B_6。杏仁、豆类、花生、芝麻、鸡蛋、牡蛎中含有丰富的维生素 E，它在防止黏膜损伤方面有重要作用。生物素有助于碳水化合物、脂肪和蛋白质的代谢，一旦缺乏就会出现脱发和少白头等症状。鸡蛋黄中生物素的含量最高，能够有效预防脱发和少白头。

菠菜奶酪沙拉 *284kcal*

●原料　菠菜 300g，帕尔玛奶酪 30g，大蒜 5 瓣，干辣椒 1 个，橄榄油少许

★食疗沙拉汁　橄榄油 3 大勺，醋 2 大勺，酱油 1 大勺，盐、糖各 1 小勺

1. 菠菜洗净去根后控干，奶酪切碎。
2. 大蒜切片，锅中放入适量橄榄油，将蒜片炒上色，放入干辣椒炒出香味。
3. 锅中放入菠菜快速翻炒后出锅。
4. 在炒过菠菜的锅里放入制作沙拉汁的原料煮开。
5. 菠菜装盘，淋上沙拉汁拌匀，撒上奶酪即可。

痛经

痛经时吃一些富含维生素 B_6 的食物可以缓解疼痛。最好不要吃橘子、柿子、猪肉、面食等。

许多女性在经期都有痛经症状，此时，应该补充一些维生素 B_6。维生素 B_6 有助于缓解不适症状。金枪鱼、鲑鱼、青花鱼等鱼类和鸡胸肉、香蕉、红薯等含有丰富的维生素 B_6。如果月经前后身体出现浮肿，最好吃一些大豆、杏仁等富含镁的食物。此外，还要补充一些钙镇定神经、促进血液循环。

月经前后要注意保暖，多吃暖体的食物，防止子宫受凉，尽量避免吃橘子、柿子、啤酒、猪肉、面食等。

艾蒿是经期理想的食物，它能清洁血液，对子宫有保健作用，对月经失调和痛经有一定疗效。韭菜也对痛经有一定效果，能帮助排出污血，清洁血液，增加月经量，缓解痛经。经期可以适量饮酒，最好喝一些姜茶或大枣茶。

韭菜艾蒿沙拉 *472kcal*

●原料 韭菜 100g，艾蒿糕 200g，虾皮 30g，白菜芯 8 片

★炒虾皮调料 橄榄油 1 大勺，糖 1 小勺，芝麻少许

★食疗沙拉汁 酱油 3 大勺，糖 2 大勺，香油 1 大勺，尖椒 1 个，葱末、蒜末各 2 小勺，辣调味汁 1 小勺

1. 韭菜、白菜、艾蒿糕切成方便食用的小块。
2. 虾皮干炒一下，放入适量油炒匀，加糖炒至糖溶化后，撒一些芝麻。
3. 尖椒切片，与其他制作沙拉汁的调料拌匀制成沙拉汁。
4. 将韭菜、白菜、艾蒿糕混合，淋上沙拉汁拌匀，再撒上炒好的虾皮即可。

头痛

猕猴桃、橘子等富含维生素 C 的食物能够缓解头痛。维生素 E 能够促进血液循环，对减轻头痛也有帮助。

头痛的原因很多，当头痛严重时要向医生咨询，同时配合食疗。猕猴桃、橘子等富含维生素 C 的食物能够缓解头痛。维生素 E 能促进血液循环，对减轻头痛也有帮助。同时补充维生素 C 和维生素 E 效果更佳。要预防头痛，平时就要多吃一些富含 B 族维生素的食物。B 族维生素有助于保持大脑和神经稳定，缺乏 B 族维生素容易引起头痛。另外，还要多吃一些富含铁的肉类、鱼类、贝类、豆类、芜菁、木耳、菠菜、萝卜干等。

对于神经过敏、感冒引起的头痛，可以吃一些干明太鱼。菊花对慢性头痛有一定疗效。感冒引起的头痛、经常性头痛以及晕眩时可以吃一些菊花，对缓解头痛有一定效果。

头痛时，一日三餐要规律，如果不正常吃饭，血糖就会降低，同样会引起头痛。

干明太鱼菊花沙拉 467kcal

●原料 干明太鱼 1 条，紫苏叶 10 片，黑芝麻 1 大勺，糯米粉 1/2 杯，菊花 5 朵，芥菜 50g，生菜 10 片，食用油适量

★干明太鱼酱料 香油 2 小勺，蒜末 1 小勺，盐少许

★食疗沙拉汁 酱油、柠檬汁各 3 大勺，糖、香油、香葱末各 1 大勺

1. 干明太鱼浸泡 10 分钟，去掉鳞和鳍后切块，用盐和蒜末腌一下，裹上糯米粉；紫苏叶切碎。
2. 剩下的糯米粉中加入紫苏叶和黑芝麻，再加入等量的水调成面糊，干明太鱼裹上面糊放入锅中炸熟。
3. 撕下菊花的花瓣，生菜切成适中的小块，将制作沙拉汁的调料拌匀制成沙拉汁。
4. 准备好的所有原料装盘，淋上沙拉汁拌匀即可。

减肥

要减肥就要养成吃早餐的习惯，平时多吃富含膳食纤维的食物。辣椒的辣味能够刺激激素分泌，对减肥也有一定功效。

减肥最重要的是吃早餐，同样的食物早上吃不容易长肉，晚上吃就很容易发胖。这是因为人体内的激素早晚的分泌量不同。早晨分解皮下脂肪的激素分泌较多，晚上则会减少。

减肥还要多吃富含膳食纤维的食物。膳食纤维吸收水分后体积会增大，需要长时间咀嚼，所以能够提高血糖。这样有利于减少进食量，食物在胃肠中的停留时间长，可以保持长时间的饱腹感。

辣椒的辣味对减肥有一定效果，这种辣味源于“辣椒素”，它能刺激中枢神经，促进肾上腺素等激素的分泌，从而增加脂肪酶的活性，加速脂肪分解。另外，辣椒素还能加快新陈代谢，食用较辣的食物时会觉得身上发热，正是由于这个原因，这和运动出汗有同样的效果。

辣椒黄瓜沙拉 *164kcal*

●原料 尖椒3个，红辣椒、黄瓜各1根，罗勒2片，鸡胸肉1块，盐、胡椒粉各少许

★食疗沙拉汁 酸奶6大勺，柠檬汁1大勺

1. 辣椒洗净后切片。
2. 黄瓜先用清水冲洗干净，抹上盐揉搓后再冲洗一遍，然后切成薄片，罗勒切碎。
3. 鸡胸肉先用盐和胡椒粉腌一下，放入蒸笼蒸熟，晾凉后撕成方便食用的小块。
4. 酸奶中加入柠檬汁制成沙拉汁。
5. 准备好的原料装盘，淋上沙拉汁拌匀即可。

贫血

预防和治疗贫血所需的铁在动物性食物中含量很高。同时补充铁和维生素 C，能够提高铁的吸收率。

缺铁没有什么明显症状，从外表上看不出来，因此很多人都不知道自己缺铁。我们平时就应该注意摄入充足的铁，虽然出现贫血时可以服用补铁制剂，但最好的办法还是食疗。

和植物性食物相比，动物性食物中铁的含量更高。肉类、红色肉质的鱼类、贝类、蛋类都含有丰富的铁。其中鸡蛋是治疗贫血最好的食物，裙带菜、海带、豆类、木耳、菠菜、茼蒿等也含有丰富的铁。

蔬菜中的铁与动物性食物中的铁相比，在人体内的吸收率比较低，要和橙子等富含维生素 C 的食物搭配食用。动物性食物中的铁和维生素 C 一起补充会效果更好，能够增加铁的吸收率。相反，膳食纤维、钙、豆类中的植酸、使茶叶带有涩味的单宁酸都会阻碍铁的吸收。所以要想通过食物补铁，饭后就不要喝红茶或咖啡，最好吃一些橙子。

泥蚶芹菜沙拉 *275kcal*

●原料 泥蚶 400g，芹菜 200g，梨 1 个

★食疗沙拉汁 鱼酱、糖各 2 大勺，酱油、蒜末、酸梅汁、苏子油各 1 大勺，辣椒粉 1 小勺

1. 泥蚶浸泡在清水中吐净沙子。
2. 锅中倒 2 杯水煮开，放入泥蚶，盖上锅盖焖一会儿，泥蚶的壳张开后捞出，掏出贝肉。
3. 把芹菜切成长度适中的段，梨去皮切成大小适中的块。
4. 将制作沙拉汁的调料拌匀制成沙拉汁。
5. 准备好的原料装盘，淋上沙拉汁拌匀即可。

皮肤老化

维生素是防止皮肤老化必需的营养物质。在摄取维生素的同时，还要保证规律的作息时间、充足的睡眠，这样才能保持皮肤健康。

维生素对于防止皮肤老化尤为重要。各种维生素对保护皮肤起着不同的作用。

如果缺乏维生素A，表皮中的角质层会因缺水而使皮肤干燥粗糙。维生素A只存在于动物性食物中，黄绿色蔬菜中的β-胡萝卜素进入人体后会转化成维生素A。黄油、奶酪、蛋黄中含有维生素A，菠菜、胡萝卜、南瓜、芒果等蔬果中的β-胡萝卜素可以在体内转化为维生素A。维生素E能够促进皮肤的新陈代谢，预防产生皱纹、皮肤老化。芝麻、杏仁、鳄梨、花生中含有维生素E。

维生素C能够去除有害的活性氧，防止黑色素沉着和痣、雀斑等产生，同时参与胶原蛋白的合成，使皮肤细腻光滑。西蓝花、甜椒、草莓、柿子、柑橘等富含维生素C，与富含维生素B_2的牛奶、乳制品、黄绿色蔬菜等一起食用，能够促进角蛋白等的代谢。此外，还要保证规律的作息时间、充足的睡眠，这样才能有效地保持皮肤健康。

鳄梨蔬菜沙拉 244kcal

●原料 鳄梨、尖椒、胡萝卜、青甜椒、黄甜椒各1个，洋葱、紫洋葱各1/4个，圣女果10个，芹菜2根

★食疗沙拉汁 酸橙汁3大勺，香菜2根，盐1/4小勺，胡椒粉少许

1. 鳄梨切成两半，一半剥皮去核，用叉子碾碎，另一半带皮，将果肉挖出。
2. 5个圣女果用热水烫一下，剥皮切块；洋葱、辣椒切碎。
3. 将鳄梨、圣女果、洋葱和辣椒混合，淋上制作沙拉汁的原料拌匀；胡萝卜、甜椒、芹菜切成方便食用的小块。
4. 在挖出果肉的鳄梨中盛上步骤3中的原料，剩下的圣女果和蔬菜摆在盘中。

强筋壮骨

要想强筋壮骨，就要摄入充足的优质蛋白质，与蔬菜、水果一起食用效果更好。

肌肉等人体组织的基本组成成分是蛋白质，肉类、鱼类和豆类中含有丰富的蛋白质。和植物性食物相比，肉类和鱼类所含的蛋白质中必需氨基酸的含量更高，可强筋壮骨。但是动物性蛋白质中脂肪的含量也较高，所以最好和富含维生素和膳食纤维的蔬菜水果搭配食用。无花果、苹果、草莓、桃子等水果中含有果胶，与其他膳食纤维一起食用能够降低胆固醇、促进消化，因此在以肉类为主料的沙拉中最好搭配一些水果。

在动物性食物中，鸡肉强健筋骨的效果最理想。蛋白质被人体吸收后转化为氨基酸的代谢过程需要维生素 B_6 的参与，鸡肉中不仅含有丰富的优质蛋白质，还含有维生素 B_6。此外，鸡肉比其他肉类更容易消化，非常适合肠胃不好的人食用。鸡胸肉和鸡里脊的蛋白质含量最高，热量很低，对于想锻炼肌肉和减肥的人来说是理想的食物。

鸡肉沙拉 590kcal

●原料 鸡胸肉 3 块，生菜 1/2 棵，无花果 2 个，葡萄干 1 大勺

★鸡肉调料 清酒 1 大勺，大蒜、姜各 1 瓣，盐、胡椒粉各少许

★食疗沙拉汁 芥末酱 3 大勺，蜂蜜、醋各 2 大勺，柠檬汁 1/2 大勺，盐少许

1. 鸡胸肉切成适中的小块，撒上蒜片和姜片，淋上清酒、盐和胡椒粉拌匀，放在蒸笼中蒸熟，晾凉后撕成鸡丝。
2. 生菜和无花果切成方便食用的小块。
3. 将制作沙拉汁的调料拌匀制成沙拉汁。
4. 准备好的原料装盘，撒上葡萄干，淋上沙拉汁拌匀。

刺激食欲

维生素 C 和有机酸具有刺激食欲的作用。有机酸能够刺激味觉，维生素 C 能够去除体内有害的活性氧，恢复味觉增进食欲。

精神上的压力和肉体上的疼痛会使胃口变差，尤其是炎热的夏天，更加没有食欲。这时，最好多吃一些能够促进肠胃蠕动、增进食欲的食物，其中最有代表性的就是柠檬。柠檬含有丰富的维生素 C 和有机酸，有机酸能够刺激味觉，增进食欲。柠檬的酸味会影响消化器官，刺激胃液分泌，促进胃部蠕动。

欧芹、水芹、茼蒿等蔬菜也能刺激味觉。消化不好、胃口变差时，最好吃一些萝卜等有助于消化的食物。栗子是很好的食物，它营养均衡，可以作为婴儿断奶后的辅食。身体虚弱、食欲不振时，栗子能够刺激食欲、恢复元气。生姜也能刺激食欲，而且含有分解淀粉和蛋白质的酶，能够促进消化，其特有的香味能够刺激胃液分泌。吃一些意大利面等面食可以增进食欲，搭配一些酸甜味的水果或葡萄酒，效果更佳。

栗子柠檬沙拉 *508kcal*

●原料 栗子、饺子各 15 个，红甜菜叶 15 片，橄榄油适量，柠檬少许

★食疗沙拉汁 酱油 2 大勺，糖、柠檬果肉、醋、苏子油各 1 大勺，紫苏 1 小勺

1. 栗子剥皮切成薄片。
2. 柠檬洗净后用热水冲一下，切成薄片。
3. 饺子用油煎到酥脆。
4. 红甜菜叶洗净后切成小片。
5. 将制作沙拉汁的柠檬果肉切成小丁，与其他原料混合成沙拉汁。
6. 准备好的原料装盘，淋上沙拉汁拌匀即可。

肠胃保健

消化不良、胃疼、积食等肠胃疾病多是由于暴饮暴食、不规律的饮食习惯造成的。

肠胃是消化器官，肠胃功能下降会导致消化不良、胃疼和胃溃疡等问题。最好的治疗方法是食疗，要保证规律的饮食，少食多餐。对于因压力造成的功能性消化不良，要避免摄入油腻的食物，以减轻胃的负担。饭后最好休息一下，睡前不要进食。

卷心菜、土豆、萝卜、南瓜等都是保护肠胃的食物。其中，卷心菜含有保护胃的成分，能够强化胃黏膜，还能促进修复胃黏膜所必需的蛋白质的合成。土豆具有保护胃黏膜的作用，其中的泛酸对肠胃功能不好的人很有益。萝卜有助于淀粉的消化，积食的时候可以吃一些萝卜，它含有丰富的促进消化的天然酶，因压力导致功能性消化不良的人也可以吃一些萝卜。南瓜富含β-胡萝卜素，能够保护胃黏膜，南瓜中的糖分容易消化吸收，适宜肠胃功能较弱的人食用。

萝卜鲜虾沙拉 *300kcal*

●原料 萝卜200g，卷心菜叶4片，韭菜30g，虾15只，黑橄榄10颗，迷迭香、胡椒粉各少许

★食疗沙拉汁 苹果20g，菠萝1块，洋葱20g，橄榄油、醋各2大勺，糖1大勺，盐少许

1. 萝卜洗净切片，在冷水中浸泡一下去除辣味后捞出。
2. 卷心菜叶切丝，洗净控干，韭菜切小段。
3. 虾焯一下，剥皮，加入黑橄榄、迷迭香和胡椒粉腌制。
4. 苹果削皮后切成小块，洋葱切碎，把苹果和洋葱以及其他制作沙拉汁的原料放入搅拌机打碎拌匀。
5. 准备好的原料装盘，淋上沙拉汁拌匀即可。

预防糖尿病

现代人患糖尿病的原因是脂肪摄入过多，膳食纤维能够起到预防糖尿病的作用。

糖尿病是调节血糖浓度的胰岛素不足引起的疾病。现代人患糖尿病多是因为摄取的脂肪过多，影响了胰岛素的合成，膳食纤维具有预防糖尿病的作用。

南瓜可促进胰岛素的分泌，减轻浮肿，适合糖尿病患者食用。南瓜中含有丰富的 β-胡萝卜素，能够保持皮肤黏膜。土豆的消化比较缓慢，不会使血糖骤然升高，它含有丰富的钙，而钙是合成胰岛素必不可少的物质，所以平时可以多吃一些土豆。豆类不仅热量低，而且富含膳食纤维，也是糖尿病患者的理想食物。可以经常食用豆芽、豆腐、豆奶等以豆类为原料的食品。糙米比精制米的膳食纤维含量高，而且含有丰富的蛋白质、无机物和 B 族维生素，适合糖尿病患者食用。

此外，荞麦、杏干、红薯、葡萄干、蒜苗、红豆等也是值得大力推荐的健康食品。

南瓜豆腐沙司沙拉 *225kcal*

●原料 南瓜 1/2 个，杏干 10 个，芹菜 1 根，面粉少许，橄榄油适量

★食疗沙拉汁 豆腐 1/4 块，醋 2 大勺，柠檬汁、花生酱、葡萄酒、香油、黑芝麻各 1 大勺，盐 1/2 小勺，胡椒粉少许

1. 南瓜洗净切成两半，去籽切块，裹上少许面粉，放入锅中煎至淡黄色。
2. 杏干切碎，芹菜切丁。
3. 将制作沙拉汁的原料放入搅拌机打碎拌匀，制成沙拉汁。
4. 准备好的原料装盘，淋上沙拉汁拌匀即可。

补充精力

芦笋、松子和虾是补充精力的代表性食物，能够提高身心活力并补充体力。

芦笋虽然是蔬菜，但它含有丰富的矿物质，天门冬氨酸含量很高。天门冬氨酸是氨基酸的一种，参与氮的代谢和能量代谢，能够增强人体对疲劳的抵抗力。芦笋能够促进激素的分泌，其中的维生素 B_1、B_2 能够促进新陈代谢，从而防止疲劳物质的堆积。

在补充精力方面，虾的作用不亚于芦笋。中国古代医书就有虾能够保护肾脏并增强男性性功能的记载。虾含有丰富的优质蛋白质、钙、矿物质和 B 族维生素。松子是高热量的食物，铁的含量很高，适合贫血和需要提高精力的人食用。松子还含有丰富的维生素 E，能够预防老化，其中的油脂成分由油酸和亚麻酸等不饱和脂肪酸组成，能够使皮肤富有光泽，清洁血管。

鲜虾芦笋沙拉

533kcal

●原料 虾 12 只，芦笋 10 根，牛肉 100g，竹笋罐头 1 个，清酒 1 大勺，葱白 3 厘米，大蒜 2 瓣，橄榄油适量，盐、白胡椒粉各少许

★食疗沙拉汁 松子粉 8 大勺，蒸虾的水 5 大勺，香油 2 大勺，盐、白胡椒粉各少许

1. 虾洗净，加清酒、蒜片和葱花拌匀腌一下，蒸约 8 分钟，剥出虾仁。蒸虾的水用于制作沙拉汁。
2. 牛肉煮熟后切成片。
3. 芦笋在盐水中焯一下。竹笋切半，再切成梳齿形状，加入盐和白胡椒粉拌匀，放入锅中炒熟，盛入碗中。
4. 将制作沙拉汁的调料拌匀制成沙拉汁，准备好的原料装盘，淋上沙拉汁即可。

健忘症

神经递质不足会引起记忆障碍。只要促进多巴胺和乙酰胆碱的生成，提高大脑活性，健忘症就可以减轻。

众所周知“吃核桃会变聪明”，因为坚果类食物中含有大脑必需的物质。坚果含有丰富的不饱和脂肪酸，是保持神经细胞正常活动的必需成分。维生素 B_6 对生成神经递质必不可少。金枪鱼、鲑鱼、青花鱼等鱼类和鸡胸肉、香蕉、红薯等都含有丰富的维生素 B_6。这些食物与牡蛎、豆类、鱿鱼、鳗鱼、荞麦等富含锌的食物一起食用，效果更好。

胆碱能够生成卵磷脂，形成神经细胞等的细胞膜，有助于增强记忆力。如果健忘症加重，就要多吃一些富含胆碱的红薯、玉米、肉类、豆类等食物。卵磷脂能够生成神经递质，对学习能力和记忆力都有影响。鸡蛋、豆类、大酱和鱼类中含有丰富的卵磷脂。维生素 E 具有预防衰老的作用，还能促进大脑的血液循环，提供充足的氧和营养，防止脑部废物堆积。大脑的血液循环顺畅，保持头脑清醒，记忆力自然就会增强。

鲑鱼鳄梨沙拉 *372kcal*

●原料 熏制鲑鱼 100g，鳄梨 1/2 个，生菜叶 5 片，黑橄榄 3 颗，水瓜柳 6 个，洋葱 1/2 个，紫洋葱少许；★鳄梨调料 柠檬汁、橄榄油各 1 小勺，盐、胡椒粉各少许；★鲑鱼酱料 橄榄油 1 小勺，盐、胡椒粉、迷迭香各少许；★食疗沙拉汁 蛋黄酱 3 大勺，柠檬汁、蜂蜜各 1 大勺，山葵 1 小勺

1. 鳄梨去皮切条，用调料腌一下；鲑鱼也用酱料腌一下。
2. 生菜撕成小片，橄榄切片；水瓜柳滤干水分。
3. 洋葱和紫洋葱切丝，在冷水中浸泡一下去除辣味。
4. 将制作沙拉汁的调料拌匀制成沙拉汁，如图，将鲑鱼、鳄梨、橄榄盛到生菜上，淋上沙拉汁，撒上洋葱丝即可。

促进生长发育

一日三餐为我们提供能量，促进激素分泌，所以应该均衡摄入各种营养物质，尤其是增加蛋白质、钙、维生素的摄入量。

处于生长发育期的青少年要充分摄入帮助骨骼生长的钙、组成血液和肌肉的蛋白质以及促进生长的维生素。

钙直接影响着人体的生长发育，不仅有助于骨骼生长，还能增加骨密度，并与凝血、神经传导、肌肉活动有关。蛋白质构成了皮肤、骨骼和肌肉等身体组织，不仅参与体内重要物质的合成，还能帮助头发、指甲等生长，提高大脑活性，促进生长激素分泌。

生长发育必需的组氨酸在儿童体内的合成量较少，需要通过食物摄取来满足需要。鸡肉、火腿、奶酪、牛肉等含有丰富的组氨酸。为了保证身体的发育，规律的饮食习惯很重要。如果饮食不规律，激素分泌也会紊乱，影响生长发育。

鲜虾沙拉

420kcal

●原料 虾10只，金针菇50g，菊苣50g，生菜20片，黑橄榄10颗，面粉2大勺，鸡蛋1个，面包粉5大勺，橄榄油适量

★食疗沙拉汁 橄榄油3大勺，柠檬汁2大勺，切碎的罗勒1大勺，盐、胡椒粉各少许

1. 虾剥皮去除虾线，依次裹上面粉、鸡蛋、面包粉后放入锅中炸熟。
2. 菊苣和生菜洗净，切成方便食用的小块。
3. 橄榄切片，金针菇剪掉根部，切成长度适中的段。
4. 将制作沙拉汁的调料拌匀制成沙拉汁。
5. 准备好的蔬菜和炸好的虾装盘，淋上沙拉汁拌匀即可。

注意力

要想提高注意力，就要摄入富含蛋白质、脂肪和碳水化合物的食物。维生素 B_1、铁、卵磷脂和胆碱等对提高注意力都有帮助。

蛋白质不仅是肌肉和各脏器的组成成分，还能生成神经递质，是大脑的重要组成物质。其中，酪氨酸有助于集中注意力，牛奶、鱼类、肉类和清曲酱都富含酪氨酸。

葡萄糖能够改善脑细胞的功能，提供充足的血糖。碳水化合物含有糖分和膳食纤维，是人体能量的源泉。最好从糙米、红薯、南瓜和土豆等食物中摄取碳水化合物。

人体获得能量还需要 B 族维生素的帮助。维生素 B_1 是合成神经递质“乙酰胆碱”不可缺少的物质，有助于提高工作能力。猪肉、青花鱼、豆类、糙米中含有丰富的乙酰胆碱，与洋葱、大蒜、韭菜、大葱等一起食用效果更佳。洋葱和大葱能使头脑变得更加灵活。生菜、茼蒿等蔬菜中铁的含量很高，能够促进大脑的血液循环，改善大脑功能。卵磷脂和胆碱等营养物质能使神经传递的过程更加顺畅，对增强注意力有一定帮助。

琥珀杂豆沙拉 *448kcal*

●原料 各种豆类、猪肉、茼蒿各 200 克，洋葱 1/2 个，干炸粉、水各 1/3 杯，橄榄油适量，盐少许

★豆类调料 糖 1 大勺，盐少许

★食疗沙拉汁 酱油 3 大勺，水、蜂蜜、苏子油各 2 大勺，淡芥末 1 小勺

1. 豆子提前浸泡，洗净控干，裹适量干炸粉。
2. 干炸粉中倒入等量的水制成面糊，豆子裹上面衣后下锅炸熟，趁热撒上豆类调料拌匀。
3. 猪肉煮熟切丁，加盐拌匀。茼蒿切成段，洋葱切丝，在冷水中浸泡一下去除辣味后捞出。
4. 将制作沙拉汁的调料拌匀，淋在蔬菜和猪肉上，最后撒上炸豆子即可。

护肤美容

要想达到护肤美容的效果，就要多摄入奶酪、蛋黄、胡萝卜等可为人体提供维生素 A 的食物和草莓、尖椒、橙子、柿子、猕猴桃、菠菜等富含维生素 C 的食物。

维生素对保持皮肤健康起着非常重要的作用。黄油、鸡蛋黄、奶酪和黄绿色蔬菜中含有丰富的维生素 A 和维生素 C。一般的水果中维生素 C 的含量都很高，首屈一指的是草莓，它的维生素 C 含量是苹果的 20 倍，每天只要吃几颗草莓就能满足人体一天对维生素 C 的需求量。除此之外，尖椒、橙子、柿子、猕猴桃、菠菜、西蓝花、羽衣甘蓝、西红柿等都含有丰富的维生素 C。

青梅含有丰富的有机酸和维生素，凉粉具有调理角质和皮脂的效果，它们能使灰暗粗糙的皮肤变得透明光滑，丰富的矿物质能使干燥的皮肤变得水嫩柔滑。

黄瓜中钙的含量很高，有助于排出体内多余的钠，具有清除废物的作用。黄瓜中的维生素 C 能够促进新陈代谢，使皮肤和黏膜组织更加健康。黄瓜还具有美白功效，能够保持皮肤清洁。除了健康的饮食，还要养成规律的饮食习惯、保证充足的睡眠。

柿子酸奶沙拉 *240kcal*

●原料 甜柿子 4 个，杏干 3 个，坚果 2 大勺，黄瓜 1/2 个，葡萄酒、薄荷叶各少许

★食疗沙拉汁 酸奶 6 大勺，盐少许

1. 柿子洗净，切掉上面的部分，将柿子挖空，挖出的柿子肉切成方便食用的小块。
2. 杏干上淋适量葡萄酒，稍微浸泡一下，切成小块。
3. 黄瓜切块。坚果在锅中炒香后磨碎。
4. 酸奶中加入适量盐制成沙拉汁。
5. 在准备好的原料上淋入沙拉汁拌匀，盛到柿子里，装饰一片薄荷叶即可。

Bonus

沙拉真的有食疗效果吗？

人们常说“胃口好身体就好”，一般很容易理解为“喜欢吃的东西就要多吃、吃饱”，实际上这样的饮食习惯会给身体带来负担，有营养过剩的危险。根据英国牛津大学理查德·多尔教授的研究，大约35%的癌症是不良饮食习惯引起的。

随着亚洲人饮食习惯的西方化，糖尿病患者越来越多。现代人患上糖尿病的原因是脂肪摄取过量而影响了胰岛素的合成。高血压、肥胖也是同样的道理，这些疾病都能从饮食习惯中找到原因。

蔬菜和水果中的膳食纤维能够预防上述疾病。膳食纤维在肠道中吸收水分，使摄入的食物体积变大，从而增加排便量，同时吸附有害物质一同排出体外，帮助降低血液中的胆固醇含量。沙拉是以蔬菜和水果为主料的健康美食，每天吃一些沙拉，能够改善身体机能，使身体充满活力。沙拉还能预防细菌感染和不良饮食习惯造成的各种病症，蔬菜中不仅含有膳食纤维，还富含各种维生素和矿物质。

高血压患者忌食过咸的食物，要注意补充含钙的食物。水果和蔬菜中的钙有助于排出人体内多余的钠，具有调节血压的作用。钙还具有预防骨质疏松和镇定神经的功效。备感压力时，钙会随小便流失，压力较大，尤其是精神压力过大时要多补充钙。在食用富含钙的食物时，最好搭配含有维生素D的食物。

预防感冒需要摄入充足的维生素来提高免疫力。胡萝卜和西蓝花含有丰富的β-胡萝卜素，欧芹、甜椒、西蓝花和柑橘含有丰富的维生素C。酒后最好多吃一些富含维生素C的橙子、柿子、西红柿等蔬果，以改善肝脏功能，减轻胃部不适。

失眠患者要多吃乳制品、豆类、花生、鸡蛋黄、香蕉等含有色氨酸的食物，和鳀鱼、胡萝卜、紫菜、橘子等富含钙的食物，它们对失眠有一定疗效。

治疗便秘，膳食纤维的效果最好。食用富含膳食纤维的食物，能增加排便量，促进大肠运动，使排便顺畅。扁豆、豌豆、大豆等豆类，以及苹果、香蕉、石花菜、牛蒡、卷心菜、裙带菜等食物含有丰富的膳食纤维。

吸烟者平时要多喝绿茶，多吃橙子、柿子、欧芹、草莓、桃子、西蓝花等富含维生素 C 的食物。还要多吃富含胡萝卜素的食物，胡萝卜素具有去除活性氧的作用，避免正常细胞发生癌变。

除此之外，沙拉还有很多药用价值，能够改善多种病症。就像不良饮食是导致疾病的原因一样，食疗也能成为治病救人的良方。当然，仅靠一碗沙拉是不能治愈疾病的，重要的是及时补充体内缺乏的营养物质，坚持良好的饮食习惯，均衡摄入各种营养。

附录 在家就能制作的97种健康沙拉汁

[橄榄油辣椒酱沙拉汁]
橄榄油4大勺+醋2大勺+柠檬汁1大勺+辣椒酱1/2大勺+辣调味汁1小勺+糖1小勺+蒜末1小勺

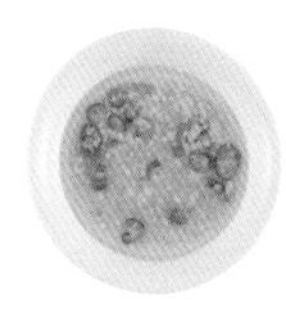

[橄榄油蜂蜜沙拉汁]
橄榄油4大勺+蜂蜜1大勺+醋1大勺+柠檬汁1大勺+芥末酱1大勺+切碎的尖椒1/2大勺+盐少许

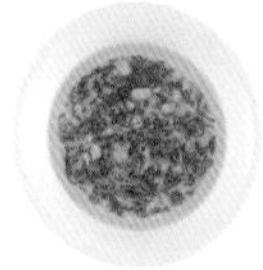

[橄榄油大蒜沙拉汁]
橄榄油4大勺+切碎的蒜1瓣+柠檬汁2大勺+醋1大勺+蜂蜜1大勺+盐少许+切碎的罗勒少许

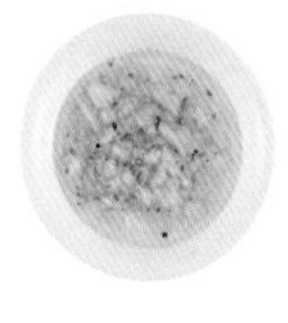

[橄榄油洋葱沙拉汁]
橄榄油4大勺+1/4个切碎的洋葱+醋2大勺+芥末籽酱1小勺+盐少许+胡椒粉少许

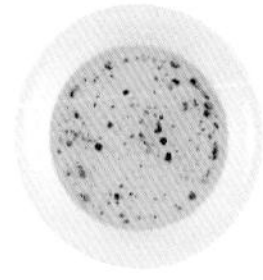

[橄榄油柠檬沙拉汁]
橄榄油4大勺+柠檬汁1大勺+醋1大勺+蜂蜜1大勺+盐少许+胡椒粉少许

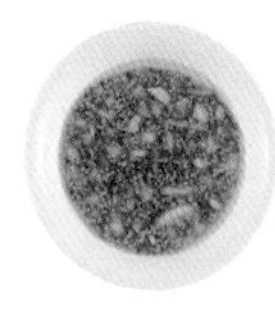

[橄榄油芥末籽酱沙拉汁]
橄榄油3大勺+芥末籽酱1大勺+醋1大勺+切碎的洋葱1大勺+蜂蜜1/2大勺+酱油1小勺

[橄榄油食醋沙拉汁]
橄榄油4大勺+醋1大勺+柠檬汁1大勺+蜂蜜少许+盐少许

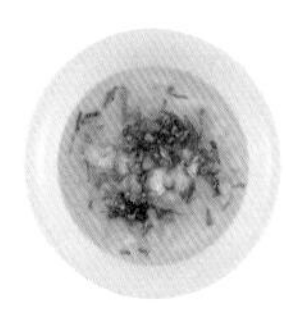

[橄榄油罗勒沙拉汁]
橄榄油3大勺+切碎的洋葱3大勺+醋1大勺+柠檬汁1大勺+切碎的罗勒1小勺+盐少许+胡椒粉少许

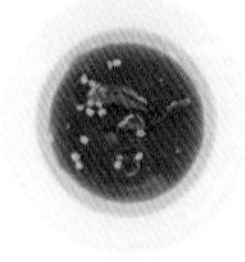

[橄榄油辣椒沙拉汁]
橄榄油3大勺+干辣椒1个+醋2大勺+酱油1大勺+糖1小勺+盐少许

[橄榄油尖椒沙拉汁]
橄榄油2大勺+醋1大勺+切碎的尖椒1小勺+盐少许+胡椒粉少许

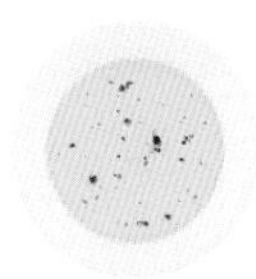

[橄榄油胡椒沙拉汁]
橄榄油4大勺+醋1大勺+柠檬汁1大勺+盐1小勺+胡椒粉少许

[橄榄油辣味番茄酱沙拉汁]
橄榄油3大勺+辣味番茄酱3大勺+醋2大勺+糖1大勺+盐少许

[橄榄油碎洋葱沙拉汁]
橄榄油3大勺+柠檬汁2大勺+切碎的洋葱2大勺+盐少许

[橄榄油牛至沙拉汁]
橄榄油2大勺+醋1大勺+糖1大勺+柠檬汁1/2大勺+盐少许+胡椒粉少许+牛至少许

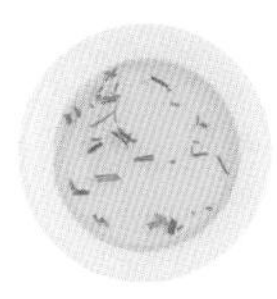

[橄榄油迷迭香沙拉汁]
橄榄油4大勺+醋2大勺+盐1/4小勺+迷迭香少许

[橄榄油洋葱汁沙拉汁]
橄榄油5大勺+洋葱汁2大勺+柠檬汁1大勺+醋1大勺+盐1小勺+切碎的罗勒少许

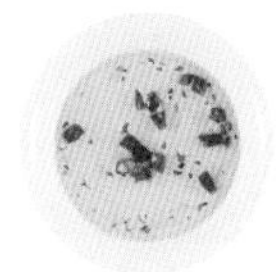

[橄榄油菠萝沙拉汁]
橄榄油1大勺+菠萝罐头汁1大勺+醋1大勺+切碎的红辣椒1个+干牛至少许

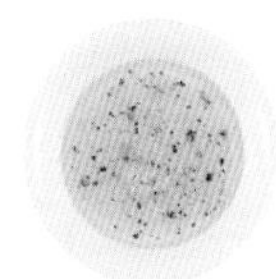

[橄榄油芥末酱沙拉汁]
橄榄油4大勺+醋2大勺+切碎的洋葱1大勺+糖1/2大勺+芥末酱1小勺+盐1/2小勺+胡椒粉少许

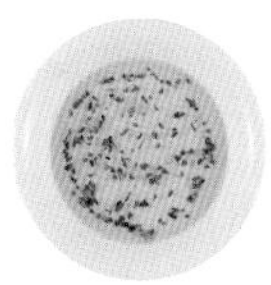

[橄榄油砂糖沙拉汁]
橄榄油3大勺+醋1大勺+柠檬汁1大勺+糖1大勺+盐少许+干牛至少许

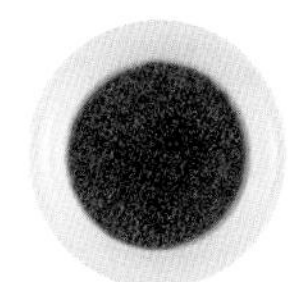

[橄榄油酱油沙拉汁]
橄榄油1大勺+酱油2大勺+醋1大勺+糖1大勺+柠檬汁1/2大勺+芥末籽酱1/2大勺

[牡蛎沙司淀粉沙拉汁]
牡蛎沙司3大勺+水1/2杯+糖2大勺+辣椒油2大勺+淀粉1大勺

[酱油醋沙拉汁]
酱油2大勺+醋2大勺+糖1大勺+蜂蜜1大勺+蒜末2大勺+辣椒粉1小勺

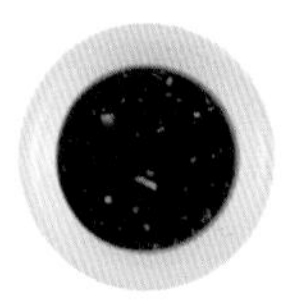

[酱油香油沙拉汁]
酱油4大勺+香油2大勺+糖2大勺+醋2大勺+香葱末2大勺+蒜末1大勺+切碎的尖椒1个+切碎的红辣椒1/2个

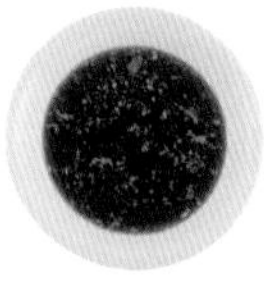

[酱油松子粉沙拉汁]
酱油3大勺+醋2大勺+糖2大勺+水2大勺+松子粉2小勺+香葱末2小勺+芝麻少许

[酱油大蒜沙拉汁]
酱油2大勺+水2大勺+大蒜3瓣+切碎的干辣椒1个+糖1大勺+料酒1大勺+香油1大勺+淀粉1/2大勺

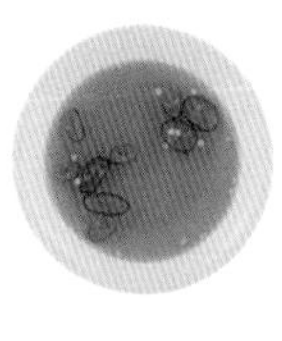

[海鲜沙司柠檬汁沙拉汁]
海鲜沙司2大勺+柠檬汁3大勺+切碎的尖椒1大勺+糖1大勺

[酱油芥末沙拉汁]
酱油2大勺+醋2大勺+水1大勺+糖1大勺+淡芥末1小勺+生姜汁少许

[酱油姜末沙拉汁]
酱油3大勺+醋2大勺+蒜末1/2大勺+糖1大勺+姜末1小勺

[酱油辣椒油沙拉汁]
酱油3大勺+辣椒油1大勺+蒜末1大勺+糖1大勺+醋1大勺

[微辣的酱油姜丝沙拉汁]
酱油3大勺+醋3大勺+姜丝1大勺+糖1大勺+辣椒油1大勺

[酱油柠檬沙拉汁]
酱油2大勺+醋2大勺+糖2大勺+柠檬汁1大勺+香油1大勺+芥末籽酱1/2大勺

[酱油芝麻沙拉汁]
酱油1大勺+糖2大勺+香油1大勺+芝麻盐2小勺+辣椒粉1小勺+盐1小勺

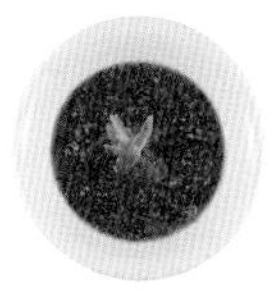

[酱油柚子沙拉汁]
酱油2大勺+糖2小勺+苏子油2大勺+柚子蜜饯1大勺+紫苏1小勺

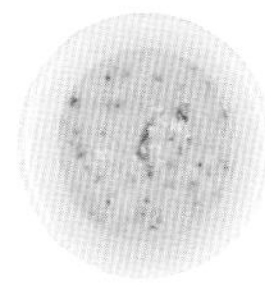

[羊奶酪橄榄油沙拉汁]
羊奶酪50g+橄榄油2大勺+柠檬汁2大勺+蜂蜜1大勺+切碎的罗勒1小勺

[酱油蒜末沙拉汁]
酱油3大勺+醋2大勺+糖2大勺+辣椒油1大勺+水1大勺+蒜末1小勺

[鱼酱汁沙拉汁]
鱼酱汁2大勺+糖2大勺+酱油1大勺+酸梅汁1大勺+蒜末1大勺+苏子油1大勺+辣椒粉1小勺

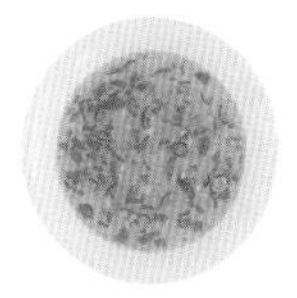

[微辣的鱼酱汁沙拉汁]
切碎的尖椒1大勺+鱼酱汁1大勺+柠檬汁1大勺+糖1/2大勺+香油1小勺+蒜末1小勺

[酱油番茄酱沙拉汁]
酱油1大勺+番茄酱3大勺+淀粉1大勺+切碎的尖椒1个+辣椒油2大勺+糖1大勺

[酱油尖椒沙拉汁]
酱油4大勺+醋2大勺+香油2大勺+糖1大勺+蒜末1大勺+切碎的尖椒1大勺+生姜汁1小勺

[辣椒酱葵花子油沙拉汁]
辣椒酱2大勺+汽水2大勺+葵花子油2大勺+柠檬汁2大勺+糖1大勺+蒜末1小勺+生姜汁少许

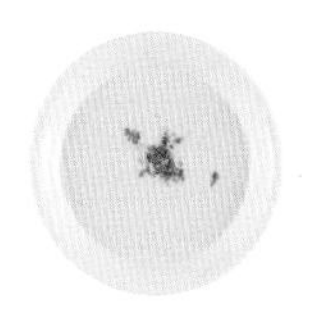

[蛋黄酱沙拉汁]

蛋黄酱1/2杯+柠檬汁1大勺+蜂蜜1大勺+盐少许+欧芹粉少许

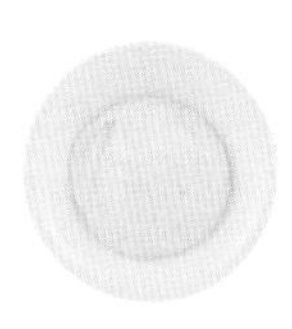

[蛋黄酱奶酪沙拉汁]

蛋黄酱3大勺+奶酪3大勺+柠檬汁1大勺+切碎的欧芹1/2小勺+盐少许

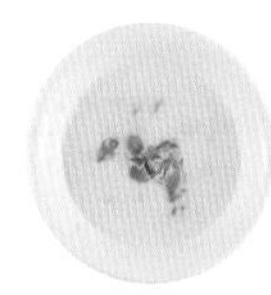

[蛋黄酱蜂蜜沙拉汁]

蛋黄酱4大勺+蜂蜜3大勺+柠檬汁1大勺+南瓜子1大勺+白胡椒粉少许+盐少许

[蛋黄酱酸奶沙拉汁]

蛋黄酱3大勺+酸奶3大勺+柠檬汁1大勺+蜂蜜1大勺+盐少许

[蛋黄酱山葵沙拉汁]

蛋黄酱1/2杯+蜂蜜1大勺+山葵1小勺

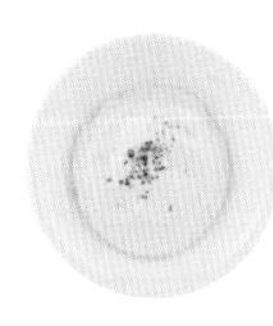

[蛋黄酱柠檬沙拉汁]

蛋黄酱3大勺+柠檬汁1大勺+盐少许+胡椒粉少许

[蛋黄酱白糖沙拉汁]

蛋黄酱1/2杯+柠檬汁2大勺+白糖2大勺+盐少许

[蛋黄酱松子沙拉汁]

蛋黄酱1/2杯+松子3大勺+柠檬汁3大勺+蜂蜜1大勺

[蛋黄酱辣调味汁沙拉汁]

蛋黄酱6大勺+糖2大勺+辣调味汁1大勺+盐1小勺+白胡椒粉少许+生姜汁少许

[蛋黄酱酸黄瓜沙拉汁]

蛋黄酱8大勺+酸黄瓜1/4个+盐少许+胡椒粉少许

[蛋黄酱菠萝汁沙拉汁]

蛋黄酱2大勺+菠萝罐头汁2大勺+盐少许

[蛋黄酱洋葱沙拉汁]

蛋黄酱2大勺+切碎的洋葱2大勺+芥末酱1大勺+柠檬汁2小勺

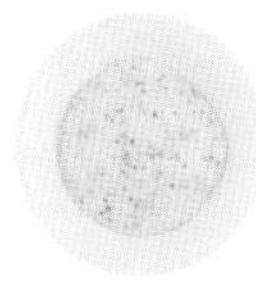

[蛋黄酱芥末籽酱沙拉汁]

蛋黄酱5大勺+芥末籽酱1大勺+糖1小勺

[蛋黄酱橘子沙拉汁]

蛋黄酱3大勺+橘子汁1大勺+切碎的柚子皮1小勺+盐少许+胡椒粉少许

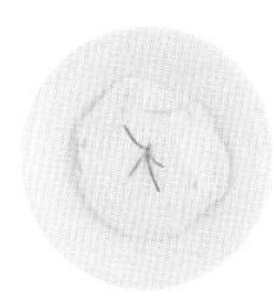

[蛋黄酱迷迭香沙拉汁]

蛋黄酱6大勺+柠檬汁1大勺+迷迭香少许

[蛋黄酱葡萄酒沙拉汁]

柠檬汁3大勺+蛋黄酱2大勺+奶酪2大勺+白葡萄酒2大勺+欧芹粉1小勺+盐少许

[蛋黄酱咖喱沙拉汁]

蛋黄酱5大勺+柠檬汁2大勺+蜂蜜1大勺+咖喱粉1小勺

[蛋黄酱大酱沙拉汁]

蛋黄酱3大勺+大酱1大勺+料酒2大勺+柠檬汁1大勺+蜂蜜1大勺+淡芥末1小勺+生姜末少许

[蛋黄酱桂皮沙拉汁]

蛋黄酱1/2杯+柠檬汁2大勺+蜂蜜2大勺+桂皮粉1/4小勺

[蛋黄酱菠萝沙拉汁]

蛋黄酱8大勺+菠萝2块+菠萝罐头汁3大勺+蒜末2小勺+盐少许

[酸奶沙拉汁]

酸奶3大勺+柠檬汁3大勺+蜂蜜少许

[酸奶山葵沙拉汁]

酸奶5大勺+柠檬汁2大勺+蜂蜜1大勺+山葵1小勺+胡椒粉少许+盐少许

[酸奶醋沙拉汁]

原味酸奶5大勺+醋1大勺+蜂蜜1大勺+柠檬汁1大勺+糖1/2大勺+盐少许

[酸奶罗勒沙拉汁]

酸奶5大勺+柠檬汁2大勺+蜂蜜1大勺+切碎的罗勒少许

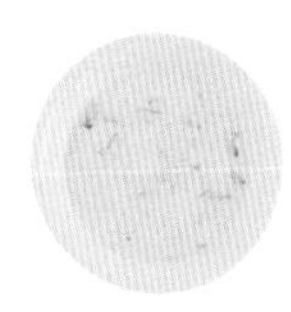

[酸奶柠檬沙拉汁]

酸奶1杯+切碎的罗勒1大勺+蜂蜜1大勺+柠檬汁1大勺

[酸奶蛋黄酱沙拉汁]

酸奶1/2杯+蛋黄酱1大勺+蜂蜜1大勺+胡椒粉少许+盐少许

[酸奶咖喱沙拉汁]

酸奶1/2杯+咖喱粉1小勺+薄荷少许+盐少许

[鲜奶油辣调味汁沙拉汁]

鲜奶油3大勺+酸奶2大勺+柠檬汁1大勺+辣调味汁1/2大勺+蜂蜜1小勺+盐少许+胡椒粉少许

[酸奶蜂蜜沙拉汁]

酸奶8大勺+蜂蜜1大勺+醋1大勺+盐少许

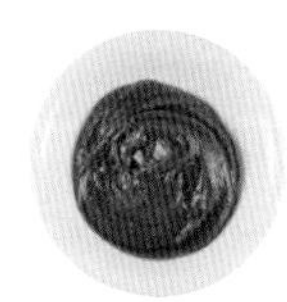

[鲜奶油水饴沙拉汁]

鲜奶油3大勺+水饴1/4杯+水1/2杯+黄油1大勺+盐少许

[香菇洋葱沙拉汁]

香菇1朵+洋葱1/4个+橄榄油3大勺+醋3大勺+黄油1大勺+盐少许

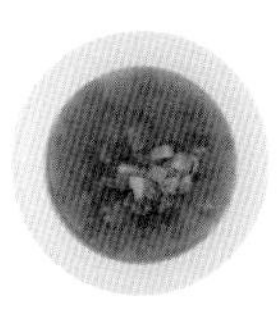

[橘子柚子蜜饯沙拉汁]

橘子1个+柚子蜜饯2大勺+酱油1/2大勺+醋2大勺+香油2大勺+生姜汁少许

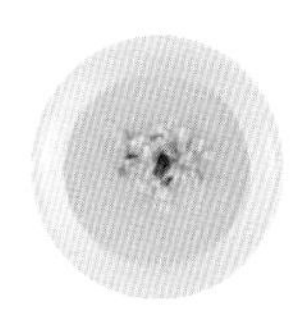

[苹果醋沙拉汁]

苹果1/2个+醋3大勺+橄榄油3大勺+糖1大勺+盐少许+胡椒粉少许

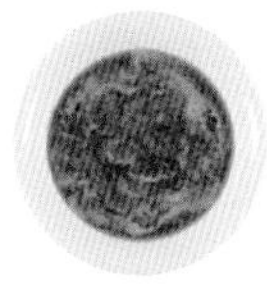

[草莓沙拉汁]

草莓3个+切碎的洋葱1大勺+醋1大勺+糖1小勺+盐少许

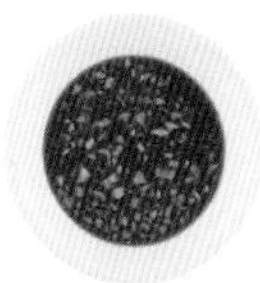

[人参柠檬沙拉汁]

人参1/2根+柠檬汁2大勺+蜂蜜2大勺+糖蒜汁2大勺+淡芥末1小勺+盐少许+胡椒粉少许

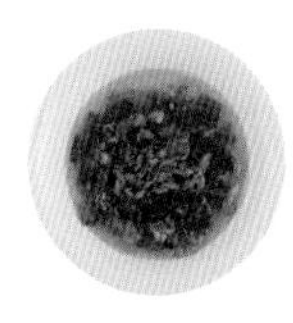

[西红柿橄榄油沙拉汁]

橄榄油2大勺+切碎的西红柿2大勺+柠檬汁1大勺+切碎的罗勒1小勺

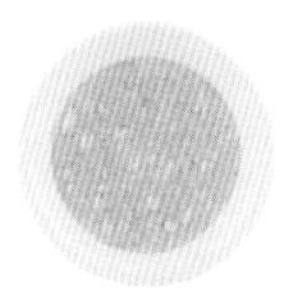

[碎洋葱生姜沙拉汁]

切碎的洋葱2大勺+生姜汁1/2小勺+葡萄酒3大勺+柠檬汁1大勺+蜂蜜1大勺+香油1大勺+盐少许+黄油少许

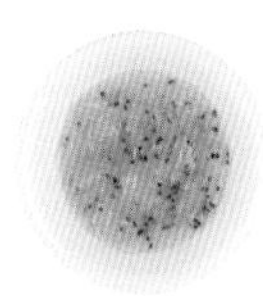

[猕猴桃沙拉汁]

猕猴桃1/2个+洋葱末1大勺+醋1大勺+糖1小勺+盐少许

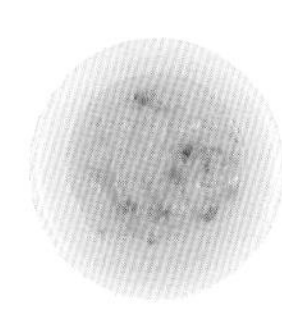

[芒果沙拉汁]

芒果1/2个+橘子汁5大勺+醋1大勺+橄榄油1大勺+盐少许+欧芹少许+胡椒粉少许

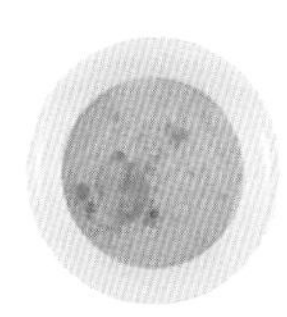

[生姜沙拉汁]

生姜汁1小勺+糖2大勺+醋2大勺+香油1大勺+盐少许

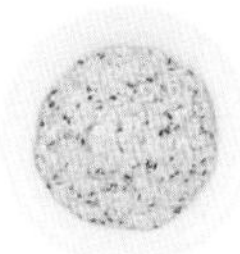

[芝麻豆腐沙拉汁]
黑芝麻3大勺+豆腐1/4块+香油1大勺+蒜末1小勺+盐1小勺

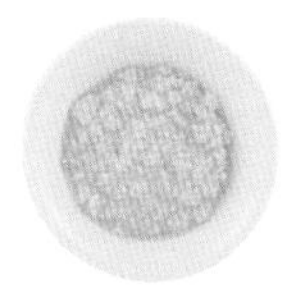

[豆腐沙拉汁]
豆腐1/6块+豆油1/2杯+橄榄油2大勺+醋2大勺+糖1大勺+盐1小勺

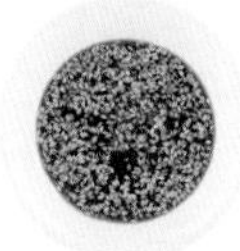

[芝麻酱油沙拉汁]
芝麻盐4大勺+酱油2大勺+醋2大勺+糖1大勺+香油1小勺

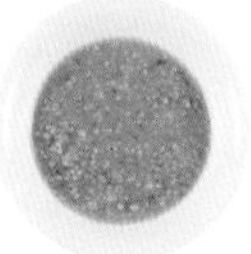

[芝麻花生酱沙拉汁]
芝麻3大勺+醋3大勺+糖1大勺+柠檬汁1大勺+香葱末1大勺+花生酱2小勺+酱油1小勺+盐少许

[芝麻蛋黄酱沙拉汁]
磨碎的芝麻2大勺+蛋黄酱3大勺+柠檬汁2大勺+酸梅汁1大勺+酱油1小勺

[松子蛋黄酱沙拉汁]
松子2大勺+蛋黄酱2大勺+柠檬汁2大勺+蜂蜜1大勺+盐1小勺

[芝麻柠檬汁沙拉汁]
芝麻2大勺+柠檬汁1大勺+蛋黄酱3大勺+香油1大勺+酱油1/2大勺

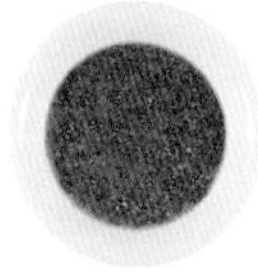

[紫苏粉酱油沙拉汁]
酱油2大勺+苏子油2大勺+柠檬汁2大勺+紫苏2小勺+生姜末1小勺

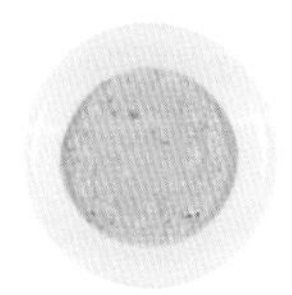

[花生沙拉汁]
花生3大勺+醋3大勺+菠萝罐头汁2大勺+松子1大勺+糖1大勺+香油1大勺+芥末2小勺+白胡椒粉少许+盐少许

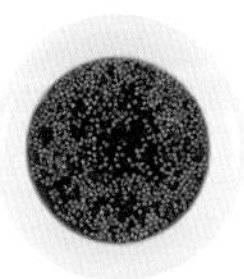

[微酸的紫苏酱油沙拉汁]
酱油2大勺+紫苏1大勺+苏子油1大勺+糖1大勺+醋1大勺+姜末1小勺

[芥末蛋黄酱沙拉汁]

淡芥末2大勺+醋2大勺+糖1大勺+蛋黄酱1小勺+酱油1小勺+盐少许

[芥末酱蜂蜜沙拉汁]

芥末酱1大勺+蜂蜜1/2大勺+柠檬汁1/2大勺+蒜末少许+盐少许

[微辣的芥末沙拉汁]

淡芥末1大勺+辣椒粉1大勺+醋2大勺+糖1大勺+蒜末2小勺+盐1小勺+生姜汁少许

[芥末酱花生沙拉汁]

水3大勺+磨碎的花生2大勺+淡芥末1小勺+醋2大勺+糖1大勺+酱油1小勺+盐少许+胡椒粉少许

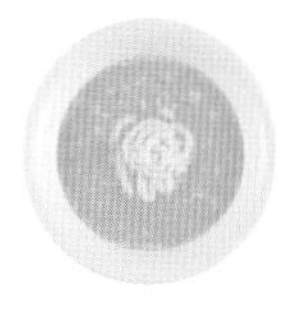

[甜甜的芥末蛋黄酱沙拉汁]

蛋黄酱3大勺+糖2大勺+醋1大勺+淡芥末1大勺+盐1小勺

[芥末醋沙拉汁]

淡芥末2大勺+醋2大勺+糖1大勺+盐1/4小勺+酱油少许

[芥末柠檬沙拉汁]

淡芥末1大勺+柠檬汁2大勺+糖1大勺+酱油1小勺+盐少许

图书在版编目(CIP)数据

今天的沙拉/〔韩〕张素宁等著；付霞译．－2版．－海口：南海出版公司，2016.6

ISBN 978-7-5442-7874-4

Ⅰ．①今… Ⅱ．①张…②付… Ⅲ．①沙拉－菜谱 Ⅳ．①TS972.121

中国版本图书馆CIP数据核字(2015)第158620号

著作权合同登记号　图字：30-2016-043

今天的沙拉

〔韩〕张素宁等 著

付霞 译

出　　版　南海出版公司　(0898)66568511
　　　　　海口市海秀中路51号星华大厦五楼　邮编 570206
发　　行　新经典发行有限公司
　　　　　电话(010)68423599　邮箱 editor@readinglife.com
经　　销　新华书店

责任编辑　崔莲花
特邀编辑　刘洁青
装帧设计　韩　笑
内文制作　博远文化

印　　刷　北京中科印刷有限公司
开　　本　880毫米×1230毫米　1/32
印　　张　6.5
字　　数　90千
版　　次　2009年9月第1版　2016年6月第2版
　　　　　2016年6月第2次印刷
书　　号　ISBN 978-7-5442-7874-4
定　　价　45.00元